D1702584

Gerhard Hausladen
Innovative Gebäude-, Technik- und Energiekonzepte

Für meine Frau Marianne und meine Kinder Florian, Barbara und Georg.

Gerhard Hausladen

Innovative Gebäude-, Technik- und Energiekonzepte

Oldenbourg Industrieverlag München

Impressum

Herausgeber
Gerhard Hausladen, Kirchheim b. München

Konzept, Redaktion und Koordination
Ingenieurbüro Hausladen, Jenny Oeltzen,
Kirchheim b. München

Gesamtgestaltung und Satz
Constantin Meyer, Köln

Architekturphotographie
Constantin Meyer, Köln, wenn im
Abbildungsnachweis nicht anders genannt

Graphiken
Lesinski & Hackelberg, München

Textredaktion
Barbara Kress, Kassel

Fachliche Beratung
Christoph Meyer, Michael de Saldanah
Universität Kassel

Umschlagphoto
Landesamt für Statistik und Datenverarbeitung,
Schweinfurt, Architekten Kuntz & Manz, Würzburg

Gesamtherstellung
Boxan Repro+Druck, Kassel

Gedruckt auf 135g/qm Galaxi Keramik

Die Deutsche Bibliothek -CIP- Einheitsaufnahme

Innovative Gebäude-, Technik- und Energiekonzepte,
Gerhard Hausladen. – München: Oldenbourg Industrieverlag, 2001

ISBN 3-486-26429-X
NE: Hausladen, Gerhard

© 2001 Oldenbourg Industrieverlag GmbH
Rosenheimer Straße 145, 81671 München
Telefon: (089) 45051-0
www.oldenbourg-verlag.de

Printed in Germany
ISBN 3-486-26429-X

Das Werk einschließlich aller Abbildungen ist urheberrechtlich geschützt. Jede Verwendung außerhalb der Grenzen des Urheberrechtsgesetzes ist ohne Zustimmung des Verlages unzulässig und strafbar. Das gilt insbesondere für Vervielfältigungen, Übersetzungen, Mikroverfilmungen und die Einspeicherung und Bearbeitung in elektronischen Systemen.

Inhalt

7 Gedanken zum Bauen

Bauobjekte

14 BMW-Messepavillon, Frankfurt
22 Landesamt für Umweltschutz, Augsburg
42 Gründerzentrum, Hamm
50 Landesamt für Statistik und Datenverarbeitung, Schweinfurt
66 Wohn- und Geschäftshaus Friedl, Landshut
76 Kirche St. Augustinus, Trudering
86 Ingenieurbüro Hausladen, Kirchheim
94 Low Energy Office, Köln
108 Zentrum für umweltgerechtes Bauen, Kassel
120 Architekturbüro, Kassel
132 Kulturzentrum, Puchheim
142 Niedrigenergiesiedlung, Vaterstetten
152 Verwaltungsgebäude der Deutschen Messe AG, Hannover
156 Danksagungen
157 Legende, Abbildungsnachweis

Gedanken zum Bauen

Bauen für den Menschen

Seit einigen Jahren gewinnen Aspekte des umweltschonenden und energiesparenden Bauens mehr und mehr Bedeutung. Planung, Konstruktion und Technik zielen darauf ab, den Energieverbrauch von Gebäuden zu minimieren. Baustoffe werden nach umweltrelevanten Gesichtspunkten ausgewählt und eingesetzt. Diese Konzepte erfüllen meiner Meinung nach wichtige Aufgaben des Bauens. Im Mittelpunkt all unserer Überlegungen sollte aber der Mensch stehen. Das Wohlbefinden des Menschen in den Häusern, in denen er wohnt und arbeitet, ist das Wichtigste.

Wissenschaftler haben die Behaglichkeit auf wenige Größen reduziert, zumindest die thermische: Raum- und Oberflächentemperatur, Luftfeuchtigkeit und -geschwindigkeit. Trotzdem fühlen sich Menschen, die in vollklimatisierten Büros mit eben diesem „Normklima" sitzen, nicht immer wohl. Es wurde und wird dazu viel geforscht. Eine abschließende Antwort steht aber immer noch aus. Meiner Meinung nach können die normierten Behaglichkeitskriterien nur Orientierungswerte sein. Es gilt, auch andere – nicht normierbare – Aspekte des Wohlbefindens in unsere Überlegungen und Planungen mit einzubeziehen.

Ein Beispiel: 1988 waren wir an Planung und Bau eines Altenwohnheimes beteiligt. In der Nähe des geplanten Gebäudes gab es bereits eine Wärmepumpenanlage, die ein Schwimmbad, zwei Schulgebäude und das Rathaus versorgte. Unter technischen und energetischen Gesichtspunkten wäre es sinnvoll gewesen, auch das Altenheim an die Wärmepumpe anzuschließen, weil diese damit sehr viel besser ausgelastet gewesen wäre. Dies hätte bedeutet, in dem Gebäude ein Flächenheizsystem – also zum Beispiel eine Fußbodenheizung – zu installieren, um bei geringen Heizwassertemperaturen eine möglichst hohe Effizienz der Wärmepumpe zu erreichen.

Wir haben uns die Frage gestellt, welche Bedürfnisse ältere Menschen haben. Und haben uns für ein konventionelles Heizsystem mit Heizkörpern und Ventilen, die man auf- und zudrehen kann, entschieden. Aus einem einfachen Grund: In diesem Heim wohnen Menschen, die es in ihrem früheren Leben gewohnt waren einzuheizen, die auch geleitet sind von ihrem Willen zur Sparsamkeit und abends die Heizung abdrehen wollen, so wie sie früher das Feuer im Ofen ausgehen ließen. Die objektiven Behaglichkeitskriterien hätte auch das Flächenheizsystem mit seiner diffusen, gleichmäßigen Wärme erreicht. Aber die Menschen hätten ihre Hände nirgends auf eine beheizte Fläche legen können. Wir haben uns also für das Heizsystem entschieden, das energetisch nicht das Optimale ist, aber in diesem Fall – aus meiner Sicht – für die Bewohner das höchste Maß an Behaglichkeit bringt.

Ganz entscheidend für das subjektive Wohlbefinden ist auch, dass die Menschen selbst Einfluss nehmen können. Beispiel Heizung: Viele fühlen sich in der Umgebung eines Kachelofens sehr wohl. Sicher spielt Nostalgie eine Rolle. Entscheidend ist aber, dass jeder die Möglichkeit hat, sich je nach Stimmung und Verfassung der Wärme auszusetzen oder zu entziehen. Ebenso haben die meisten Menschen das tiefe Bedürfnis, selbst das Fenster auf und zu machen zu können, anstatt der zentralgesteuerten Klimaanlage ausgesetzt zu sein. Öffne ich im Winter ein Fenster, fällt kalte Luft herein, was objektiv unbehaglich ist. Subjektiv kann es jedoch sehr angenehm sein, die kalte, frische Luft zu spüren und zu riechen. Und ich kann das Fenster wieder zu machen, wenn es mir zu kalt wird. Genauso beim Sonnenschutz. In Bürogebäuden werden Sonnenblenden oft über eine zentrale Steuerung je nach Himmelsrichtung und Strahlungseinfall geregelt. Objektiv ist das richtig, damit die Raumtemperatur nicht zu hoch wird. Subjektiv kann das automatisch heruntergefahrene Rollo jedoch als sehr störend empfunden werden, weil sich der Einzelne zwischendurch gern von der Sonne anstrahlen lassen will.

Kurz gesagt: Bauen und der Einsatz von Technik sind lediglich Mittel zu dem Zweck, das Wohlbefinden des Menschen sicherzustellen oder zu steigern. Wenn es uns dann noch gelingt, dies mit geringem Energieaufwand und bei geringer Umweltbelastung zu tun, dann liegen wir richtig.

Aus Erfahrung weiß ich, dass technische Anlagen in Gebäuden oft nicht so genutzt werden wie geplant. Wir Techniker denken uns die raffiniertesten Systeme aus, vergessen dabei aber leicht den Menschen. Wir berücksichtigen nicht – oder zu wenig – , was der Mensch verstehen und bedienen kann. Bei Lichtschaltern und Wasserhähnen weiß jeder, was er tut. Bereits beim Thermostatventil, das in heutigen Bauten Standard ist, wird es schwierig. Viele verstehen die Zusammenhänge nicht mehr, verwechseln das Regelelement mit einem Kippschalter. Undurchschaubar kann schließlich das Steuertableau eines Heizkessels in einem Einfamilienhaus werden.

Messungen in über 400 Ein- und Mehrfamilienhäusern, die wir an der Uni Kassel durchgeführt haben, bestätigen die These: Je komplizierter die Anlagensysteme (Kombinationen aus Sonnenkollektoren, mechanischen Lüftungssystemen zur Wärmerückgewinnung und Heizungsanlagen mit Wärmepumpen), desto weniger können sie von Menschen bedient werden. Das eigentliche Ziel der hocheffizienten Technik, nämlich Energie zu sparen, wird teilweise nicht erreicht. Im Gegenteil: Je aufwendiger und damit – theoretisch – effizienter die Anlage, umso größer ist oft der tatsächliche Energieverbrauch.

Die Ursache liegt aber nicht allein in der Überforderung der Menschen. Hochtechnisierte Systeme reagieren viel empfindlicher auf Störeinflüsse als konventionelle Anlagen. Beispielsweise kommen normale Warmwasserzentralheizungen immer noch auf die fast volle Heizleistung, auch wenn nur die Hälfte der geplanten Wassermenge beim Heizkörper ankommt. Anders eine moderne Wärmepumpenanlage: Ändert sich das Temperaturniveau des Heizwassers nur geringfügig, sinkt die Leistungsziffer sofort deutlich ab.

Wir Konstrukteure machen es uns zu einfach, wenn wir den Menschen Bauten und Anlagen geben, mit denen sie nicht zurecht kommen und die so empfindlich sind, dass bereits kleine Fehler weitreichende Folgen haben. Mit Fehlern meine ich die „fast normalen Unzulänglichkeiten", mit denen wir es beim Bauen zu tun haben, in der Planung, in der Ausführung und im Betrieb von Anlagen. Auch wenn es manchmal schwierig ist: Wir müssen einen Weg finden, unkompliziert und robust zu bauen.

Ganz sicher werden wir uns auch mit einer anderen Einstellung zum Optimum technischer Systeme anfreunden müssen. Die letzte Spitze, die wir heute bei Unterstellung des „Normmenschen" zu erreichen versuchen, können wir in der Praxis nicht realisieren. Wir sollten ein breiteres, weniger empfindliches Optimum anstreben, das bei kleinen Mängeln nicht so schnell abfällt. Nur mit derart ausgelegten Systemen werden wir Ziele wie das Einsparen von Energie auch tatsächlich erreichen können.

Umweltschonendes und energiesparendes Bauen

Ist von umweltschonendem Bauen die Rede, werden stets Niedrigenergiehäuser, Nullheizenergiehäuser, Passivhäuser, energieautarke Häuser oder Energiesparhäuser als Paradebeispiele genannt. Diese Konzepte sind sicher ein Schritt in die richtige Richtung, und es war und ist sinnvoll, die unterschiedlichsten Ansätze auszuprobieren. Und sei es zu Forschungszwecken.

Aber: Wir müssen aufpassen, dass der Energieaufwand für die Erstellung solcher Systeme und Techniken nicht größer wird als die Energieeinsparung, die wir während der Lebensdauer dieser Techniken und Gebäude erreichen können. Eine Photovoltaikanlage kann bis zu fünf Jahren brauchen, um die Energie zu erzeugen, die für ihre Herstellung notwendig war. Die Frage nach Aufwand und Nutzen stellt sich vor allem dann, wenn wir die Techniken auf die Spitze treiben wollen, um auch noch die letzte Kilowattstunde einzusparen. Denn: Die letzten Kilowattstunden sind die energieintensivsten und teuersten. Und: Wir müssen berücksichtigen, dass die Systeme kaputt gehen können, ersetzt und entsorgt werden müssen.

Der Energiebedarf eines Gebäudes hängt von mehreren Faktoren ab: Ein Teil der Energie geht durch Transmission über die Bauteile verloren, ein Teil über Lüftung, einen Teil brauchen wir für Warmwasser und ein Teil geht verloren bei der Wärmeerzeugung und -verteilung. Bei Bürogebäuden kommt als weiterer – wesentlicher – Faktor, der Energiebedarf für Beleuchtung und den Antrieb technischer Systeme, die Wärme und Luft verteilen, dazu.

Große Fortschritte gab es in den vergangenen Jahrzehnten bei der Wärmedämmung, gleichgültig ob es sich um Wände, Dachkonstruktionen, Böden oder Fenster handelt. Dagegen wird nach wie vor relativ viel Energie für die Wärmeverteilung verwendet. Die bereits erwähnte Untersuchung der Universität Kassel ergab in puncto Transportenergiebedarf, dass zwischen einer und sieben Kilowattstunden Strom pro Quadratmeter Nutzfläche und Jahr benötigt werden, um Wärme mit Wasser vom Wärmeerzeuger dorthin zu bringen, wo wir sie brauchen. Umgerechnet in Primärenergie bedeutet das den Einsatz von drei bis zwanzig Kilowattstunden pro Quadratmeter. Konsequenz sollte sein, Heizsysteme wieder – wie früher Kachelöfen – an zentraler Stelle in Gebäuden einzubauen, damit die Wärme, die verloren geht auch nützlich ist und der Strombedarf für Pumpen und Ventilatoren möglichst gering ist.

Dies haben wir in einem Wohn- und Geschäftshaus bei Landshut verwirklicht. Dort steht die Heizungsanlage im Atrium, das die südlich orientierten Wohnungen mit den nach Norden ausgerichteten Büroräumen verbindet. Mit dieser Lösung kommt die Abwärme der Heizungsanlage dem Atrium zugute und die Installationswege in Wohn- und Büroräume sind auf ein Minimum verkürzt.

Erhebliche Energieeinsparpotentiale gibt es immer noch bei der Lüftung. Dabei spielt die Verbesserung der Luftqualität eine entscheidende Rolle, denn je besser die Luft, desto weniger muss gelüftet werden und umso weniger Energie wird zur Erwärmung der frischen Luft benötigt. Die Wissenschaft tut sich schwer, Luftqualität zu definieren und nimmt in der Regel den CO_2-Gehalt als Maßstab. Es gibt bislang keine Messinstrumente, die die vielen unterschiedlichen Stoffe, die die Nase mit ihren mehreren Tausend Geruchssensoren wahrnimmt, erfassen. Damit stehen wir am Anfang eines riesigen Forschungsgebietes. Denn obwohl wir keine objektiven Maßzahlen haben, sagt uns unsere Nase eindeutig, dass sich unterschiedliche Materialien unterschiedlich auf die Luftqualität auswirken. Beispielsweise tragen Teppichböden und Raumtextilien erheblich stärker zur Luftbelastung bei als glatte Böden aus Linoleum, Holz oder Stein.

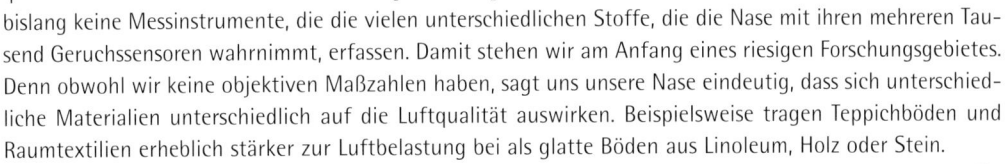

Dieser Erkenntnis wurde in dem Bürogebäude Hegger, Hegger, Schleiff in Kassel Rechnung getragen. Die Oberflächen sind fast ausschließlich naturbelassen – Natursteinboden, offene Decken aus Sichtbeton, die Wände sind nur teilweise verputzt –, es gibt keine Raumtextilien, in denen sich Staub und andere geruchsabsondernde Stoffe festsetzen, die Möbel sind aus Plattenmaterialien gebaut und mit wasserlöslichen Lacken behandelt. Den entscheidenden Nachteil der harten Oberflächen will ich nicht verschweigen: Die Raumakustik verschlechtert sich. Dies kann jedoch über die Oberflächengestaltung und zusätzliche Akustikelemente ausgeglichen werden. Die Lüftung des Gebäudes wird automatisch über Geruchssensoren geregelt. Übrigens: Im ganzen Gebäude herrscht Rauchverbot. Dies wirkt sich zusätzlich sehr positiv auf die Luftqualität aus.

Bei normalen Bürogebäuden geht man von der Notwendigkeit eines zwei- bis dreifachen stündlichen Luftwechsels aus, um eine gute Luftqualität einhalten zu können. Im Bürogebäude Hegger kommt man mit einem halbfachen Luftwechsel aus.

Richtiges Bauen

Modische Schlagworte wie umweltgerechtes, energiesparendes oder kostengünstiges Bauen führen immer wieder dazu, dass Architekten und Ingenieure ihre gesamte Aufmerksamkeit einem einzigen Aspekt des Bauens schenken. Dies birgt leicht die Gefahr der Einseitigkeit. Technikeuphorie beispielsweise leitete Planer Anfang der 70er Jahre beim Bau von 15 Mittelschulzentren in Berlin. Diese waren mit dem Besten vom Besten für damalige Vorstellungen ausgestattet: Zweikanal-Hochgeschwindigkeitsanlagen sorgten für Normklima, wobei jeder Raum individuell zu regeln war. Doch es stellte sich heraus, dass sich die Menschen nicht wohl gefühlt haben, weil vor lauter High-Tech andere wichtige Aspekte vernachlässigt wurden. So war es nicht möglich, natürlich – über offene Fenster – zu lüften, und in vielen Räumen gab es nur wenig Tageslicht. Der Energieverbrauch lag sehr hoch. Inzwischen sind die Probleme teilweise gelöst: Einige Schulzentren wurden nach 20 Jahren abgerissen.

Der Wunsch energiesparend zu bauen führt ebenfalls immer wieder zur Betriebsblindheit. In den 80er und 90er Jahren kam der Begriff des „solaren" Bauens auf. Unter solarem Bauen versteht man die möglichst große Öffnung der Häuser gen Süden und die weitgehende Schließung nach Norden, um möglichst viel passive Sonnenenergie zu gewinnen. Völlig übersehen wird aber oft die Situation im Sommer, wenn pralle Sonne die Innenräume aufheizt. Das führt in Bürogebäuden teilweise zu so absurden Situationen, dass im Sommer die gesamte Fensterfront hinter Sonnenschutz verschwindet, dann aber nur noch so wenig Tageslicht einfällt, dass bei Kunstlicht gearbeitet werden muss. Die Folge: Weitere Erwärmung und zusätzlicher Energieverbrauch für Beleuchtung.

Trotz dieser Erfahrungen gilt solares Bauen vielen immer noch als Inbegriff für umweltgerechtes Bauen. Dabei eröffnet uns der technische Fortschritt gerade bei Glas neue Gestaltungsfreiheiten. Heute stehen uns Gläser mit hervorragenden wärmetechnischen Eigenschaften zur Verfügung, die Differenz zwischen Wärmegewinnen und -verlusten bei einer Dreischeibenverglasung ist selbst auf der Nordseite fast so gering wie bei einer geschlossenen, gut wärmegedämmten Wand. Damit ist insbesondere bei Bürogebäuden eine Öffnung nach Norden wieder möglich, ohne energetische Nachteile in Kauf nehmen zu müssen. Denn die verbesserte Wärmedämmung verringert die Energieverluste, so dass der fehlende Ausgleich über passive Solarenergie weniger zu Buche schlägt. Dafür kommen die Vorteile der Nordausrichtung zum Tragen: Die Arbeitsplätze werden von hochwertigem, diffusem Tageslicht ausgeleuchtet, und im Sommer dringt weniger Hitze in die Gebäude.

Dieses Beispiel macht deutlich, dass wir Planer nicht starr werden dürfen, sondern Veränderungen und Neuentwicklungen bei Materialien in unsere Überlegungen mit einfließen lassen müssen. Und damit möglicherweise zu ganz neuen Konzepten kommen.

Das Beispiel zeigt aber auch, dass einseitige Schwerpunkte beim Bauen zu grotesken Nebeneffekten führen können. Meiner Meinung nach sollten wir die vielen Schlagworte ums Bauen vergessen. Es gibt nur „richtiges" Bauen. Bauen, das die unterschiedlichsten Kriterien in Einklang bringt: Finanzierungsfragen und Umweltkriterien, Rahmenbedingungen wie Erschließung, Witterung, Lärm und Fragen der Gestaltung, städtebauliche und funktionelle Zusammenhänge sowie die räumliche Situation, Fragen des Energieverbrauchs und der Materialauswahl und nicht zuletzt Überlegungen zur Wartung und Pflege eines Gebäudes und den damit zusammenhängenden Folgekosten sowie zur Veränderbarkeit und Möglichkeiten der Umnutzung von Gebäuden.

Es zeigt sich immer wieder, dass Gebäude aus der Zeit der Jahrhundertwende, die über die reine Konstruktion hinaus nur wenig Technik aufweisen, viel leichter umzubauen und umzunutzen sind als Gebäude aus den 60er und 70er Jahren, die für ganz bestimmte Zwecke erbaut wurden und mit spezieller Technik vollgepfropft sind.

An der Sanierung des eigenen Bürogebäudes wurde mir diese Problematik noch mal deutlich. Das bestehende Gebäude aus den 60er Jahren wurde mit einer wärmetechnischen Dämmhülle versehen. Auf der Südseite stellten wir vor die bestehende Wand eine transluzente Wärmedämmung, die wie ein Eisbärenfell funktioniert: Das Licht geht durch die Dämmschicht durch und fällt auf die schwarz gestrichene Außenwand. An der Trennstelle wandelt sich das Licht in Wärme um und heizt die Wand auf. Selbst an einem trüben Tag erreichen wir einen Heizeffekt.

Tatsache ist, dass 20 hochtechnische Elemente mit eingebauten Sonnenschutzvorrichtungen das Höchstmaß an passiver Energie rausholen, das Gebäude damit insgesamt deutlich weniger Energie verbraucht. Tatsache ist aber auch, dass ich eine High-Tech-Fassade mit 20 Elektromotoren für die Sonnenschutzelemente habe, die unterhalten, gewartet und irgendwann ausgetauscht werden müssen. Und es wird künftig sehr viel schwieriger sein, das Haus zu verändern.

Noch einige Anmerkungen zur Fassade. Sie spielt beim Bauen eine ganz wesentliche Rolle, entscheidet sie doch mit über Energieverbrauch, sommerliches Verhalten, Lüftung und das Ausmaß an natürlichem Licht in einem Gebäude. Gerade was das Licht angeht, hat sich in den vergangenen Jahren ein Irrglaube breit gemacht: Dass sich Tageslicht beliebig durch Kunstlicht ersetzen ließe. Aber das Tageslicht ist für den heutigen Menschen, der sich fast ausschließlich in Gebäuden aufhält, die Verbindung zur Natur. Über Veränderungen von Lichtqualität, -farbe und -einfall erleben wir den Wechsel der Tageszeiten. Und der Einsatz von Kunstlicht bedeutet wiederum Energieverbrauch.

Richtiges Bauen läßt sich nicht über objektive Kriterien eingrenzen. Es gibt weder Patentlösungen noch Pauschalverurteilungen. Beispielsweise sehe ich den Trend zur Doppelfassade eher skeptisch. Befürworter argumentieren mit Energiespareffekten, die allerdings nur minimal sind. Der wahre Grund für eine solche Glashaut über der eigentlichen Fassade dürfte vielmehr der optische Effekt sein: Das Gebäude wirkt viel leichter, transparenter als konventionelle Fassaden. Der entscheidende Punkt, der Doppelfassaden bei zahlreichen Gebäuden aber zum Problem macht, ist der Einfluss der zweiten Haut auf die Lüftungsverhältnisse. Sind die Öffnungsquerschnitte der Glashaut zu gering – beispielsweise aus Gründen des Lärmschutzes –, ist der Zwischenraum zwischen den beiden Fassaden nicht ausreichend belüftet. Ein Glashauseffekt ist die Folge: Es kommt zu einer zusätzlichen Erwärmung und die Innenraumwärme kann nur schlecht abtransportiert werden.

Ausnahmen für den Einsatz von Doppelfassaden sehe ich bei Sanierungen und bei Hochhäusern. Die Energieeinsparung durch eine zweite, gläserne Haut kann bei alten, sehr schlecht wärmegedämmten Gebäuden erheblich sein. Es entsteht ein thermischer Puffer. Die alte Bausubstanz kann oft erhalten bleiben. Bei Hochhäusern eröffnet sich – selbst in windstarken Gegenden – die Möglichkeit, die Doppelfassade als „Windschott" zu nutzen, um die dahinterliegenden Räume auch über Fenster natürlich lüften zu können. Voraussetzung ist aber immer, dass der Fassadenzwischenraum im Sommer stark durchlüftet werden kann, um die Wärme abzulüften.

Beim Bau der Hauptverwaltung der Messegesellschaft in Hannover hat man sich nach intensiver Diskussion für eine Doppelfassade entschieden, um natürliche Belüftung überhaupt möglich zu machen. Im Raum Hannover herrschen oft hohe Windgeschwindigkeiten, die das Öffnen von Fenstern in höheren Etagen sehr einschränken. Die Glashaut funktioniert als Puffer, um möglichst ausgeglichene Druckverhältnisse an der inneren Fassade zu erreichen. So können die Mitarbeiter das ganze Jahr über ihre Fenster öffnen, ohne dass ihnen die Unterlagen vom Tisch wehen.

Die Qualität von Räumen hängt von vielen Kriterien ab: Licht, Luft, Farben, Bodenbeläge, Oberflächen und Möbel sind wichtige Faktoren. Vielfach unterschätzt wird meiner Meinung nach jedoch die Wirkung abgehängter Decken oder mehrschaliger Trennwände auf Raumklima, Hygiene und Luftqualität. Offene, massive Wände und sichtbare Betondecken wirken optisch klarer, die Materialien werden spürbar. Und das Raumklima ist gleichmäßiger, weil die freiliegenden Massen Temperaturveränderungen im Raum dämpfen. Es wird langsamer warm, kühlt aber auch nicht so schnell aus. In Räumen mit viel Verkleidung müssen dagegen technische Systeme den Klimaausgleich besorgen, weil der Raum abgekoppelt ist von den Speichermassen. Und hinter der Verkleidung verstecken sich undefinierte Bereiche, die nie mehr gereinigt werden können – ein Paradies für Ungeziefer und Schmutz.

Ganzheitliche Planung

Wie in anderen Berufszweigen führt die Technisierung auch beim Bauen zu immer größerem Spezialwissen. Ein Architekt kann heute nicht mehr – wie der Baumeister früherer Jahrhunderte – alle Zusammenhänge des Bauens alleine erfassen. Vielmehr ist es seine Aufgabe, das Heer der Spezialisten im Planungsprozess zu koordinieren: Tragwerksplaner, Bauphysiker, Schall- und Wärmeschutzfachleute, Heizungs-, Lüftungs-, Elektro- und Sanitärtechniker, die Spezialisten für Steuerungs- und Regelungssysteme, für Energieversorgungskonzepte, für Raumklima und -akustik. Und der technische Fortschritt produziert immer noch spezielleres Spezialwissen.

Die Probleme liegen auf der Hand: Kaum ein Spezialist berücksichtigt – vielleicht auch: erkennt – die Auswirkungen seines Tuns auf die anderen Gewerke. Und die Koordination von immer noch mehr Fachleuten ist kaum mehr zu leisten. Auch additives Planen, bei dem der Architekt zunächst den Entwurf fertigt und erst nachträglich Technik eingeplant wird, führt leicht in die falsche Richtung: Solche Häuser müssen oft die Schwächen des Entwurfs und der Konstruktion mit aufwendiger Technik ausgleichen.

Ich meine, wir müssen zu einem integrierten, ganzheitlichen Planen kommen, bei dem die Zusammenhänge von Entwurf, Konstruktion, Raumklima, Energieversorgung, Technik etc. von Planungsbeginn an erfasst und berücksichtigt werden. Weil auch ein Universalgelehrter wie Leonardo da Vinci die heutige Vielfalt an Material und Technik nicht mehr erfassen könnte, sollte unser Ideal ein Team von zwei bis drei baukundigen Generalisten sein, die die Grundlage schaffen, gemeinsam planen und sich gegenseitig mit dem jeweiligen Fachwissen unterstützen und kritisieren. In einem solchen Team obliegt dem Architekten nach wie vor Entwurf und Koordination, ein Fachmann kennt sich in Sachen Raumklima, Energieverbrauch und technische Systeme aus und einer ist Spezialist für Tragwerk und Konstruktion. Das Spezialwissen anderer Fachleute kommt erst zu einem späteren Zeitpunkt zum Tragen.

Schafft es das Team, in Alternativen zu denken, kann es ein Höchstmaß an Behaglichkeit und Komfort verwirklichen bei gleichzeitig geringstmöglichem Einsatz an Technik. Denn Technik – modernste Technik – darf nur Hilfsmittel sein, um Unzulänglichkeiten auszugleichen, die mit baulichen Maßnahmen nicht zu leisten sind.

Mit diesem Buch möchte ich einen Teil der Arbeit der letzten Jahre dokumentieren; der Arbeit in meinem Ingenieurbüro und an der Hochschule. Es war bisher eine abwechslungsreiche und spannende Arbeit mit guten Architekten, verständigen Bauherrn und sehr engagierten Mitarbeitern. Die Projekte mögen dies dokumentieren.

München / Kassel
August 2000
Univ.-Prof. Dr.-Ing. Gerhard Hausladen

BMW-Messepavillon, Frankfurt

Bauherr
BMW AG
München

Objektplanung, Tragwerk
Ingenieurbüro Sobek & Rieger
Prof. W. Sobek
Stuttgart

Architekturbüro
Puchner & Schum
N. Puchner
München

Gebäudetechnik
Ingenieurbüro Hausladen
Kirchheim b. München
Prof. G. Hausladen
T. Ebert
L. Langer

Die Automobilmarke BMW zeichnet sich durch eigenständiges Design und eine innovative Linie aus. Der Messepavillon soll die Firmenphilosophie mit einer maßgeschneiderten und konsequenten Ausstellungsarchitektur zum Ausdruck bringen.

Zur Internationalen Automobilausstellung (IAA) 1995 in Frankfurt präsentierte BMW erstmals seine neuen Fahrzeuge in dem damals noch eingeschossigen Pavillon mit 4.000 m² Ausstellungsfläche.

Um möglichst mobil zu sein, wurde die Zeltkonstruktion so geplant, dass sie schnell auf- und abzubauen und an unterschiedlichen Standorten flexibel für verschiedene Zwecke einsetzbar ist. Recycling und die leichte Trennbarkeit von Komponenten standen bei der Auswahl der Konstruktionsprinzipien und der Materialien im Vordergrund. Funktionelle Ästhetik und sichtbare Technik charakterisieren das Design. Der Gesamteindruck erinnert an das Münchner Olympiastadion in unmittelbarer Nähe des Firmenhauptsitzes.

Architektur und Konstruktion

Der Pavillon ist eine Zeltkonstruktion aus fünf 22 m hohen, schrägstehenden Stahlmasten, die mit Dachmembranen überspannt sind. Die Dachform ist asymmetrisch, um störende akustische Effekte zu vermeiden. Die Membran besteht aus PVC-beschichtetem Polyestergewebe. Die Oberfläche ist, anders als bei herkömmlichen Planenstoffen, anti-adhäsiv beschichtet und damit schmutzunempfindlich.

Die Dachhaut hat eine Dicke von ca. 1 mm bei einem Gewicht von nur ca. 1 kg/m². Sie wird über augenförmige Seilöffnungen an den Masten befestigt. Die Öffnungen sind mit einem Lamellensystem abgedeckt. Für den Pavillon wurden eine Reihe besonderer technischer Lösungen entwickelt, die wichtige Fortschritte im textilen Bauen darstellen.

Die bis zu 7 m hohe Fassade hat einen Teil, der aus Glaslamellen besteht, die um die horizontale Achse drehbar sind und variabel geöffnet werden können. Der andere Teil ist festverglast und geschlossen. Transluzente, doppellagige Fassadenabschlusskissen gleichen den Höhenunterschied zwischen Außenwand und unterem Membranabschluss aus. Die Fassadenelemente sind in Modulbauweise konzipiert und können bei geänderter Nutzung ausgetauscht werden.

Die Belichtung des Pavillons ist eine Mischung aus einer Grundbeleuchtung durch natürliches Tageslicht und einer gezielten Ausleuchtung der Exponate mit künstlichem Licht.

Ursprünglich hatte der Pavillon nur ein Geschoss. Erst zur IAA 1997 wurde eine zweite Ebene eingezogen, um die Ausstellungsfläche auf 6.000 m² zu vergrößern.

Fassadenansicht mit Glaslamellen

Seilöffnungen Innenansicht

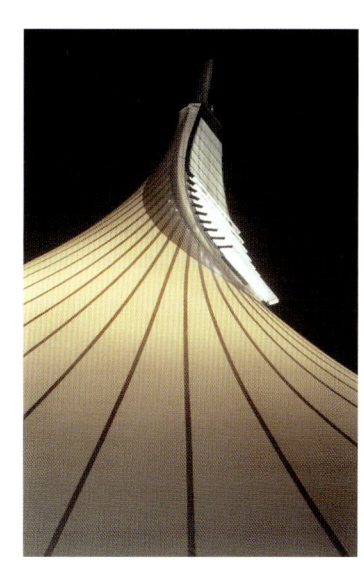

Seilöffnungen

Aufgabenstellung

Bis zur Erweiterung der Ausstellungsfläche (Einbau einer zweiten Ebene) wurde der Pavillon ausschließlich natürlich belüftet: Öffnungen in der Fassade und in den Zeltspitzen (Seilöffnungen) ermöglichen eine vertikale Durchströmung, die durch den thermischen Auftrieb hervorgerufen wird.

Im Pavillon stellte sich eine starke Temperaturschichtung ein. Auf der Ausstellungsebene herrschten nahezu Außenlufttemperaturen. Unter der Zeltdachspitze waren die Lufttemperaturen sehr hoch. Dies hatte jedoch keinen negativen Einfluss auf die Ausstellungsebene, denn die im Zelt anfallende Wärme konnte durch die natürliche Lüftung gut abgeführt werden.

Der Einbau der zweiten Ausstellungsebene verändert diese Situation: Die internen Wärmelasten werden größer; auf der zweiten Ebene muss mit deutlich höheren Temperaturen gerechnet werden als auf der ebenerdigen Ausstellungsfläche.

Fassade von Innen

Glaslamellen

Gesamtansicht

Im Vorfeld der Erweiterung waren daher folgende Punkte im Rahmen einer Studie zu klären:

· Quantifizierung und Beurteilung der zu erwartenden Temperaturverhältnisse im Erdgeschoss und auf der zweten Ebene
· Erarbeitung geeigneter Lüftungs- und Kühlkonzepte unter Einbeziehung des vorhandenen natürlichen Konzeptes
· Überprüfung der Maßnahmen auf ihre Einsetzbarkeit und Wirtschaftlichkeit.

In Übereinkunft mit dem Nutzer sollte auf der zweiten Ebene eine empfundene Raumtemperatur von maximal 31°C herrschen. Dieser Grenzwert sollte selbst bei Windstille nicht überschritten werden.

Zur Quantifizierung der Temperaturen wurden die physikalischen Abläufe mit Hilfe statischer und dynamischer Simulationsrechnungen ermittelt. Folgende Randbedingungen wurden den Berechnungen zugrunde gelegt:

· durchgehend wolkenlose, sonnige Septemberwoche mit hoher solarer Einstrahlung
· maximale Außentemperatur 26°C
· Windstille
· Innere Lasten (Beleuchtung und Personen) 350 kW (ca. 60 W/m² Nutzfläche)
· Solare Lasten ca. 550 kW (ca. 90 W/m² Nutzfläche).

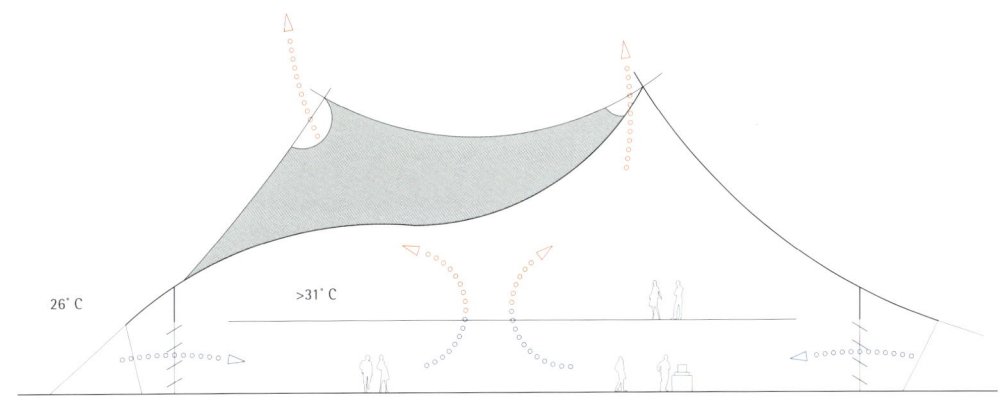

Pavillon nach Einbau der zweiten Ebene ohne Zusatzmaßnahmen

Zuluftvolumenstrom: ≈ 250 000 m³/h
Einströmöffnungen: 265 m²
Über Lamellen in der Fassade auf der unteren Ebene

Abluftvolumenstrom: ≈ 250 000 m³/h
Ausströmöffnungen: 19 m²
Seilöffnungen

Wie aus der Simulation zu erkennen ist, werden auf der zweiten Ebene Temperaturen bis zu 37°C erreicht. Zusätzliche Maßnahmen zur stärkeren Durchlüftung bzw. zur Kühlung des Pavillons sind deshalb notwendig.

Eine Vergrößerung der Seilöffnungen hätte die Durchströmung des Pavillons verstärkt und damit einer Überhitzung entgegengewirkt. Allerdings ist sie aus statischen und baukonstruktiven Gründen nicht möglich.

Mit relativ geringem Aufwand können statt dessen die bisher festverglasten Teile im oberen Abschluss der Nord- und Südfassade zusätzlich mit Glaslamellen versehen werden. Über diese Öffnungen kann sowohl kühlere Außenluft ein-, als auch wärmere Raumluft ausströmen. Es gelangt damit Außenluft direkt auf die obere Ausstellungsebene. Erwärmte Luft aus der ebenerdigen Ausstellungsfläche kann teilweise seitlich abströmen, ohne die obere Ausstellungsebene zu belasten.
Weil aber an windstillen Tagen die neuen Öffnungen an Nord- und Südfassade allein noch nicht ausreichen, um die gesamte Wärme abzuführen, sind weitere Maßnahmen erforderlich.

Im einzelnen wurden folgende Zusatzmaßnahmen untersucht:

· Einbau einer zusätzlichen Zelthaut (Solarsegel) im Inneren des Zeltes
· Kühlen der äußeren Zelthaut mit Wasser
· Einbau von mechanisch betriebenen Abluftanlagen.

Einbau eines Solarsegels

Durch das Einziehen einer inneren Membran (Solarsegel) kann die direkte Sonneneinstrahlung begrenzt werden. Nur ein geringer Teil gelangt dann über Transmission und Wärmeabstrahlung noch ins Innere des Pavillons. Die solare Last lässt sich damit von ca. 120 W/m² bezogen auf die Dachfläche auf rund 30 W/m² reduzieren.

Das Solarsegel hat die gleichen Eigenschaften wie die Außenmembran. Es wird parallel zur Ost-, Süd- und Westmembran aufgespannt und deckt einen Großteil der Zeltinnenfläche ab. Der Abstand der beiden Membranen ist so groß, dass sie sich bei Wind nicht berühren. Das Solarsegel funktioniert in Verbindung mit der

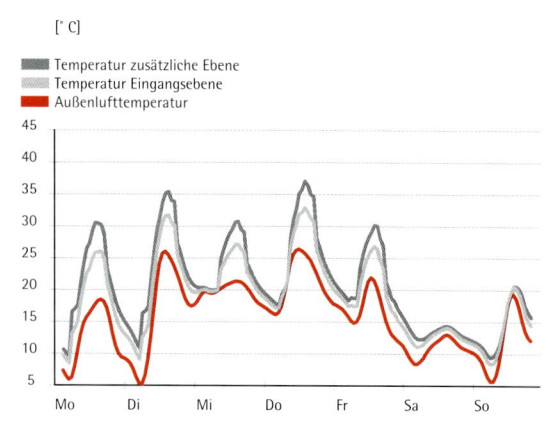

Simulierte Temperatur im Pavillon ohne Zusatzmaßnahmen (Septemberwoche)

Außenmembran ähnlich wie ein Sonnenkollektor. Ein Großteil der auftreffenden Strahlung wird absorbiert, in Wärme umgewandelt und die Temperatur im Membranzwischenraum steigt. Die Folge: Der thermische Auftrieb zwischen den Membranen erhöht sich und vergrößert den Abluftvolumenstrom durch die Seilöffnungen.

Zusätzlich zum Solarsegel muss eine zweite innere Membran (Umlenkmembran) eingezogen werden, die dafür sorgt, dass die bereits erwärmte Luft aus der Zeltmitte in den Membranzwischenraum geleitet wird. So kann kühlere Außenluft in die Zeltmitte nachströmen.

Diese Variante ist aus energetischer Sicht empfehlenswert, weil sie den solaren Eintrag stark reduziert und gleichzeitig den Abluftvolumenstrom erhöht. Das Ziel, die Temperatur auf der zweiten Ebene auf maximal 31°C zu begrenzen, wird erreicht. Der Bauherr entschied sich aber gegen diese Lösung, weil der nachträgliche Einbau des Solarsegels die klare Form des Pavillondaches beeinträchtigt hätte.

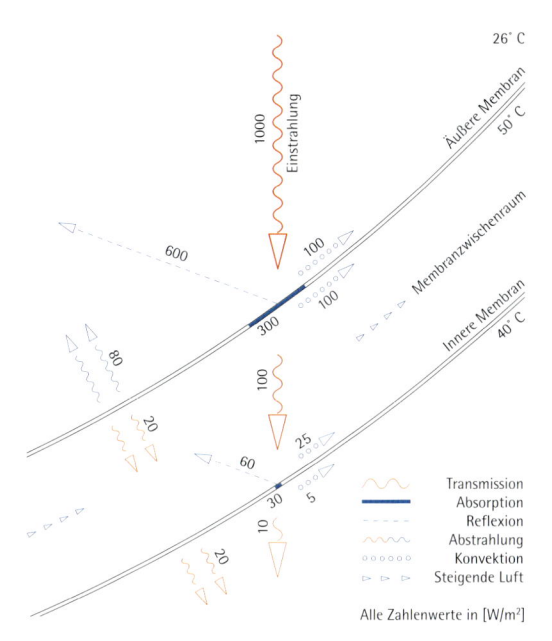

Schema-Schnitt, Energieströme im Solarsegel

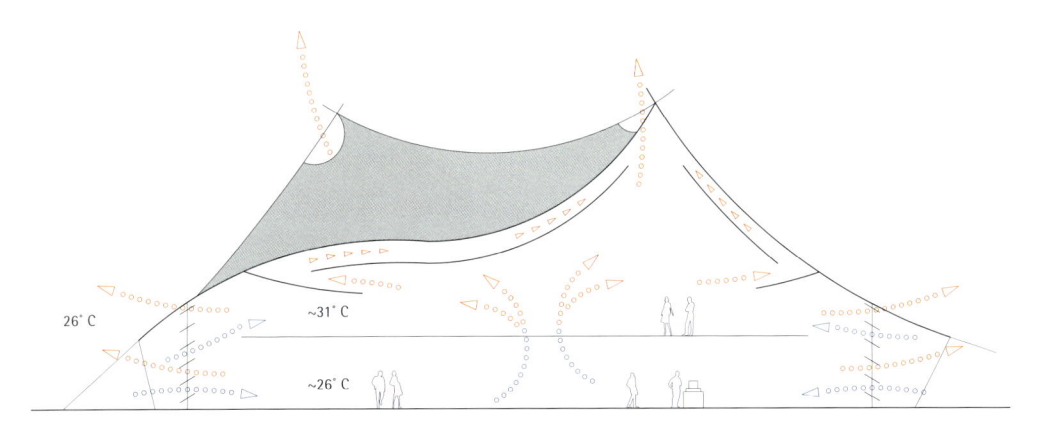

Variante Solarsegel

Zuluftvolumenstrom: ≈ 290 000 m³/h
Einströmöffnungen: 265 m²
Über Lamellen in der Fassade
auf der unteren und oberen Ebene

Abluftvolumenstrom: ≈ 220 000 m³/h
Ausströmöffnungen: 19 m²
Seilöffnungen

Zusätzlicher
Abluftvolumenstrom: ≈ 70 000 m³/h
Zusätzliche
Ausströmöffnungen: 72 m²
Zusätzliche Lamellen
in der Fassade auf der
oberen Ebene

Oberflächenkühlung

Die Zeltmembran kann durch das Benetzen mit Wasser gekühlt werden. Mit Hilfe kleiner Düsen wird es von außen auf die Membran aufgesprüht. Das Wasser verdunstet und entzieht der Membran die benötigte Verdampfungswärme. Dadurch kommt es zu einer Verringerung der Oberflächentemperatur der Membran und damit zu einem deutlich reduzierten solaren Energieeintrag.

Die gekühlte Membranoberfläche und die zusätzlichen Öffnungen in der Nord- und Südfassade bewirken, dass der Grenzwert von 31°C auf der zweiten Ebene eingehalten werden kann.

Wird Wasser als Kühlmittel eingesetzt, ist der Wasserhärtegrad von Bedeutung. Bei intensivem Wasserverbrauch ist in Frankfurt bei einem Wasserhärtegrad von 15° bis 19° mit Kalkablagerungen zu rechnen. Weil der Messepavillon aber nur zeitweise genutzt wird und die Membran anti-adhäsiv beschichtet ist, hätte dies im vorliegenden Fall kein Problem dargestellt.

Allerdings hat sich die nachträgliche Integration der Wasserdüsen wegen der Dachgeometrie als sehr schwierig erwiesen. Dieses Konzept wurde deshalb nicht weiter verfolgt.

Zuluftvolumenstrom:	≈ 270 000 m³/h
Einströmöffnungen:	265 m²
Über Lamellen in der Fassade auf der unteren und oberen Ebene	
Abluftvolumenstrom:	≈ 200 000 m³/h
Ausströmöffnungen:	19 m²
Seilöffnungen	
Zusätzlicher Abluftvolumenstrom:	≈ 70 000 m³/h
Zusätzliche Ausströmöffnungen:	72 m²
Zusätzliche Lamellen in der Fassade auf der oberen Ebene	

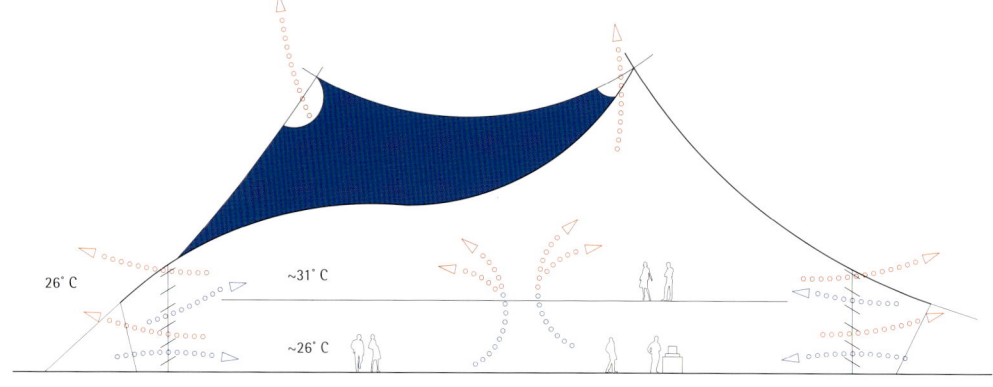

Variante Oberflächenkühlung

Mechanische Abluftführung

Die Durchlüftung des Pavillons kann an warmen und windarmen Tagen durch die Installation von mechanischen Abluftanlagen erhöht werden. Mit einem Luftvolumenstrom von 375 000 m^3/h kann der Grenzwert von 31°C auf der oberen Ebene eingehalten werden.

Die mechanische Lüftungsanlage wird wegen des hohen Abluftvolumenstroms (375 000 m^3/h) und das daraus resultierenden großen Rohrdurchmessers des Lüftungsgerätes in 18 Einzelanlagen aufgeteilt. Jeder Kanal saugt rund 20 000 m^3/h warme und verbrauchte Luft aus den oberen Zeltschichten und führt sie nach außen ab. Bei diesem Vorgang müssen die Seilöffnungen geschlossen werden, damit keine Frischluft angesaugt wird. Kühlere Außenluft gelangt gleichmäßig über alle Fassadenöffnungen in den Pavillon.

Die ästhetische Einbindung der Abluftkanäle war aufgrund ihrer Größe und Form nicht mit dem Design des Pavillons zu vereinbaren. Dieses Konzept wurde deshalb verworfen.

Zusammenfassung

In der Studie wurden drei Lüftungs- und Kühlkonzepte vorgestellt, die ohne oder mit nur geringem energetischen Aufwand die Überhitzungsgefahr des Pavillons hätten mindern können. Keine der vorgestellten Varianten konnte umgesetzt werden, vor allem aus ästhetischen Gründen. Für eine gestalterisch gelungene Integration hätte man schon im Entwurf eine spätere Erweiterung berücksichtigen müssen.

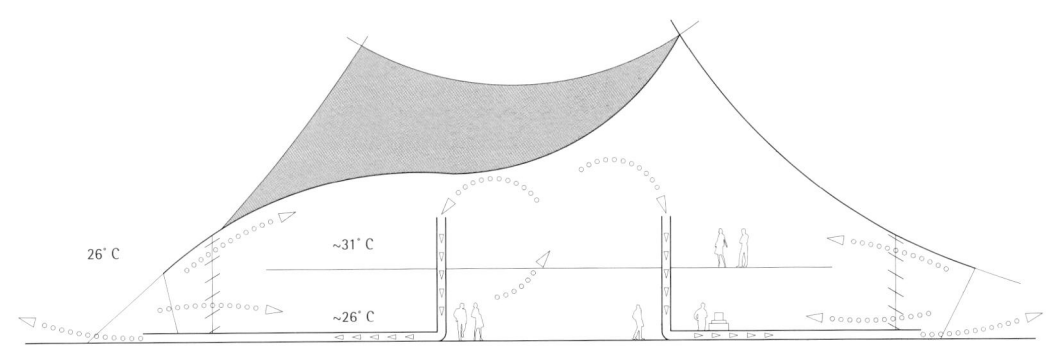

Variante Mechanische Abluftführung

Zuluftvolumenstrom: ≈ 375 000 m^3/h
Einströmöffnungen: 265 m^2
Über Lamellen in der Fassade auf der unteren und oberen Ebene

Abluftvolumenstrom: ≈ 375 000 m^3/h
Ausströmöffnungen: 18 Kanäle
Die Seilöffnungen müssen geschlossen sein

Bauherr
Freistaat Bayern
Bayerisches Staatsministerium für
Landesentwicklung und Umweltfragen
München

Projektleitung
Staatliches Hochbauamt, Augsburg

Entwurf
Wimmer & Wimmer, München

Generalplaner
Kaup, Scholz, Jesse & Partner, München
I. Werner

Haustechnik, Energiekonzept
Ingenieurbüro Hausladen
Kirchheim b. München
Prof. G. Hausladen
H. Pertler, T. Ebert, H. Eckerl

Energiekonzept, Speichertechnik
TransSolar Energietechnik, Stuttgart
M. Schuler
in Kooperation mit
SIAT, München
M. Hornberger

Landschaftsplanung
Valentien & Valentien, Weßling
Prof. C. Valentien

Elektrotechnik
Ingenieurbüro Duschl, Kolbermoor
G. Duschl

Landesamt für Umweltschutz, Augsburg

Der Neubau des Landesamtes für Umweltschutz (LFU) in Augsburg wurde im September 1999 bezogen. Bislang waren Abteilungen und Labore auf mehrere Standorte verteilt, die in dem Neubau zusammengefasst wurden. Die räumliche Nähe zwischen den verschiedenen Referaten, Laboratorien, den Werkstätten und Messfahrzeugen soll die Kommunikation unter den Abteilungen erleichtern. Den insgesamt ca. 450 Mitarbeitern stehen im neuen Landesamt rund 15 775 m^2 Hauptnutzfläche zur Verfügung.

Das Gebäude des Landesamtes in Augsburg soll zeigen, wie umweltgerechtes Bauen heute aussehen kann. Neben einer möglichst kostengünstigen Gebäudeerrichtung und einem niedrigen Aufwand für Betrieb und Wartung waren folgende Anforderungen als ökologische Ziele vorgegeben:

· Ressourcensparendes Energie- und Gebäudekonzept
· Ersatz fossiler Brennstoffe durch regenerative Energiequellen (Sonnenenergie, nachwachsende Rohstoffe)
· Minimierung der Schadstoff- und vor allem der CO_2-Emissionen
· Vermeidung von FCKW
· Optimierung der technischen Gebäudeausrüstung hinsichtlich des Energieverbrauchs
· Senkung des Wasserverbrauchs.

Städtebauliche Einbindung in die Umgebung

Im Zuge einer strukturpolitischen Stärkung des Technologiestandortes Augsburg wurde das Landesamt für Umweltschutz von Grub bei München nach Augsburg verlegt.

Das von der Stadt Augsburg zur Verfügung gestellte 51 ha große Grundstück liegt am nördlichen Rand des Stadtteils Haunstetten und gehörte zu dem ehemaligen Messerschmitt-Flugplatz. Nach der Verlegung des Flugplatzes entstand auf diesem Areal der Stadtteil „Universitätsviertel".

Das Landesamt für Umweltschutz kann als öffentliches Verwaltungs- und Dienstleistungsgebäude eine Mittlerfunktion zwischen den Hochschulbauten im Norden, dem Gewerbegebiet im Süden und den Wohnhäusern im Osten einnehmen. Von der Nähe zu den naturwissenschaftlichen Fakultäten der Universität verspricht man sich eine verstärkte Zusammenarbeit der beiden Einrichtungen.

Der Standort des LFU ist sehr gut mit zwei Straßenbahnlinien an den öffentlichen Nahverkehr angebunden und direkt an das städtische und regionale Straßennetz angeschlossen.

Gesamtüberblick

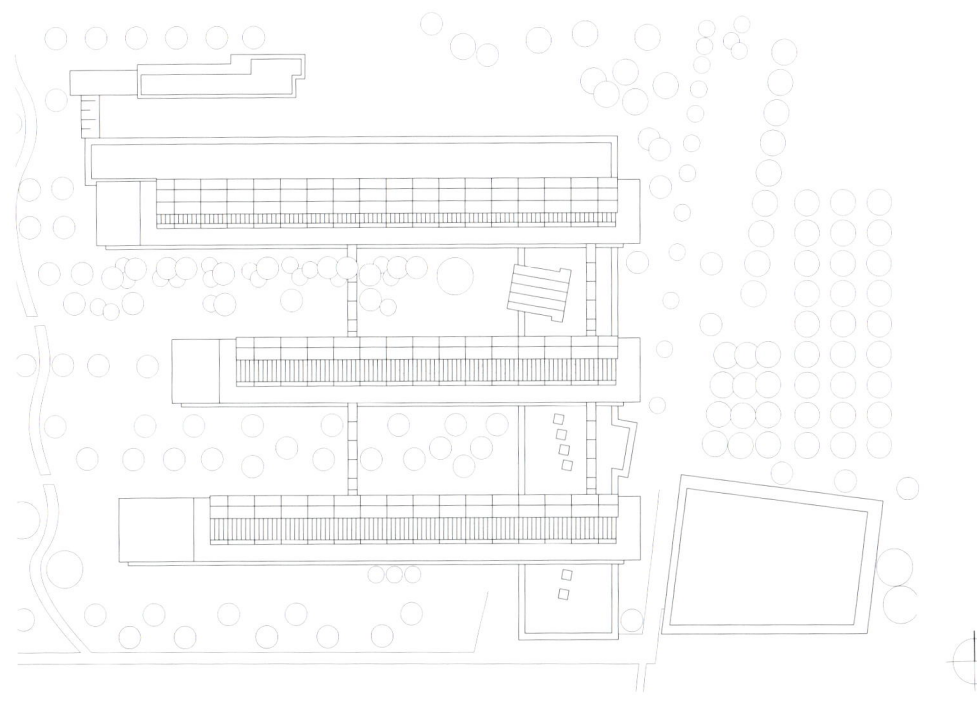

Lageplan, M 1:2000

Landesamt für Umweltschutz, Augsburg

Schnitt, M 1:1500

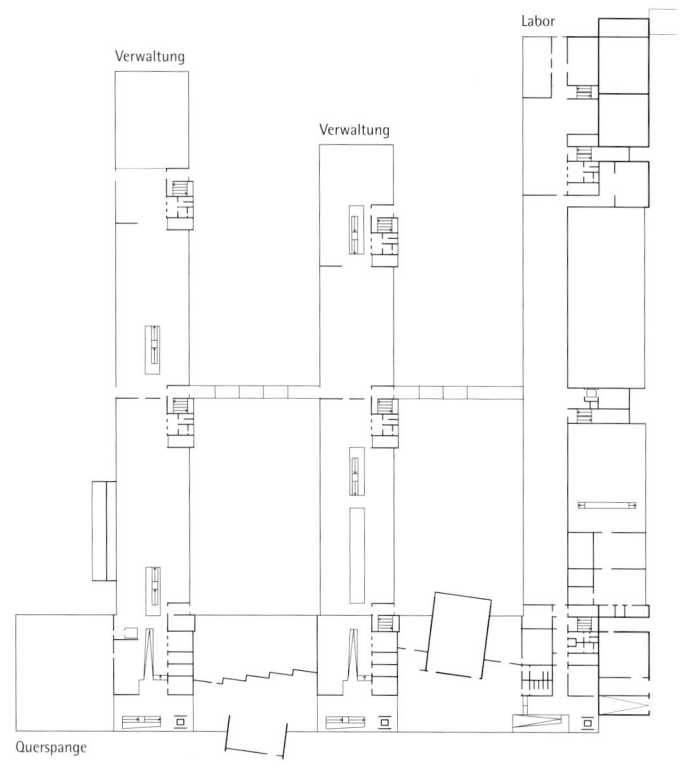

Labor
Verwaltung
Verwaltung
Querspange

Grundriss, M 1:1500

Architektur

Die Abteilungen der Verwaltung und der Laboratorien sind in drei freistehenden dreigeschossigen Riegeln mit jeweils ca. 100 m Länge organisiert.

Der eingeschossige Querriegel nimmt den Haupteingang auf und verbindet auf diese Weise die Büro- und Laborbauten. Zusätzlich bietet er Raum für die Gemeinschaftseinrichtungen wie Kantine, Bibliothek, Ausstellungsflächen, Seminarräume und den Vortragssaal.

Im nördlichen Gebäuderiegel sind die Labore und die dazugehörigen Büroräume untergebracht. Er grenzt an den abgesenkten Betriebshof und die Fahrzeughalle an. Das Laborgebäude ist als zweibündige Anlage mit großen Raumtiefen konzipiert.

Parallel dazu folgen im Süden zwei Verwaltungsgebäude mit einer dreibündigen Gliederung. Die großzügige Mittelzone bietet Nutzungsflächen für temporäre Arbeitsplätze, Kommunikations-, Archiv- und Verkehrsflächen.

Den oberen Abschluss aller drei Gebäuderiegel bildet ein Technikgeschoss. Hier laufen mehrere technische Systeme wie Sonnenkollektoren, Photovoltaik, Lüftungsgeräte und Wärmetauscher zusammen. Die Integration der Technik in das Dachgeschoss ermöglicht kurze Wege zu den Räumen und eine relativ einfache Installation.

Die drei Gebäuderiegel sind Nord-Süd orientiert. Dies birgt große Vorteile für die sommerlichen Verhältnisse und für die Belichtung. Dazu kommt eine geringfügige Reduzierung des Heizwärmebedarfs durch passive Solarenergienutzung auf der Südseite.

Integrales Entwurfsprinzip

Ziel war es, das Bauvorhaben unter einem ganzheitlichen Entwurfsansatz zu entwickeln. Das heißt, Architektur und technische Gebäudeausrüstung mit dem nachfolgend beschriebenen Energiekozept sollten so abgestimmt sein, dass die erforderlichen technischen Systeme nicht additiv zur Gebäudestruktur hinzugefügt werden, sondern integraler Bestandteil des architektonischen Konzeptes werden.

Ein Beispiel hierfür ist die Photovoltaikanlage. Die Elemente sind in die Dachverglasung integriert und ersetzen durch die transluzente Lichtführung den erforderlichen Sonnenschutz. Dachhaut, Sonnenschutz und Stromerzeugung sind in einem Bauteil vereinigt.

Ein weiteres Beispiel des Integrationsprozesses sind die Trennwände zwischen den Büroräumen und der Mittelzone. Aufgrund der Sprinklerverteilung in den Verwaltungsgebäuden konnten sie als Schrankwände mit Glasoberlichtern ohne brandschutztechnische Anforderungen gestaltet werden. Diese Schrankwandelemente dienen Archivzwecken und nehmen die elektrischen Raumverteilungen und Heizthermostate auf. Sie bilden durch schallgedämmte Überströmöffnungen im Sockelbereich der Schrankwand ein wesentliches technisches Element des Lüftungs- und Heizungskonzeptes mit Wärmerückgewinnung. Die in den Raum einströmende Luft wird über den Schranksockel in die Mittelzone geleitet.

Die Decken der Büroräume sollten verschiedenen Anforderungen genügen: Sie sollten Schallschutz bieten, als Speichermasse die Nachtkühlung unterstützen und die Leitungskomponenten der Lüftungsheizung aufnehmen. Sie bestehen deshalb aus roh belassenem Beton und wurden nur teilweise mit Gipskartonplatten abgehängt. Der Deckensprung zwischen Betondecke und Gipskarton nimmt die Zuluftdüsen für die Raumheizung auf, so dass auch die abgehängten Deckenbereiche in gewissem Umfang zur wärmetechnischen Massenaktivierung herangezogen werden können.

Die vorgenannten Beispiele sollen zeigen, wie durch die Wechselwirkung zwischen Energietechnik und Architekturkonzept ganzheitliche Entwurfselemente und -systeme entstehen können.

Ostansicht Bürobereich

Atrium Bürobereich

Eckbüro

Untersuchte Energieversorgungskonzepte

Gebäudeentwurf, Fassade, Heizungs- und Lüftungskonzept sowie das Energieversorgungssystem stehen in engem Zusammenhang. Gebäudeentwurf und Fassade bestimmen neben dem Energiebedarf und dem Heizsystem auch die Art und Anordnung der Heizflächen. Von der Energieerzeugung hängen Schadstoff- und Umweltbelastung ab sowie das Temperaturniveau, mit dem die Wärme dem Heizsystem zur Verfügung steht. Beispielsweise können Heizkessel oder Blockheizkraftwerke sehr hohe Heizwassertemperaturen erzeugen, während das Temperaturniveau bei Brennwertkesseln eher begrenzt ist. Noch deutlicher wird die Einschränkung, wenn das Heizwasser mit Wärmepumpe oder thermischen Kollektoren erzeugt wird. Hier ist man auf ein möglichst geringes Temperaturniveau im Heizsystem angewiesen, um eine hohe Effizienz zu erreichen.

Im vorliegenden Fall wurden mehrere Energieerzeugungssysteme untersucht. Dies erfolgte in einem sehr frühen Planungsstadium, noch bevor die Fassade und das Heizungs- und Lüftungskonzept endgültig festgelegt waren.

Den untersuchten Energieversorgungskonzepten liegen drei unterschiedliche Lösungsansätze zugrunde:

- Konventionelle Energieversorgung (fossile Brennstoffe)
- Alternative und konventionelle Energieversorgung in Verbindung mit einem Blockheizkraftwerk (BHKW) zur Kraft-Wärme-Kopplung
- Alternative Energieversorgung über regenerative Energien (nachwachsende Brennstoffe und Solarenergienutzung).

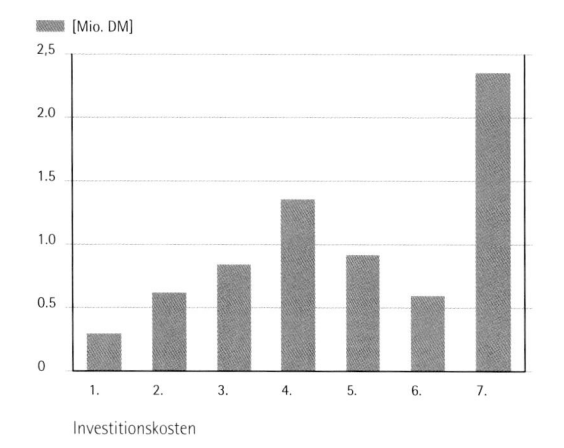

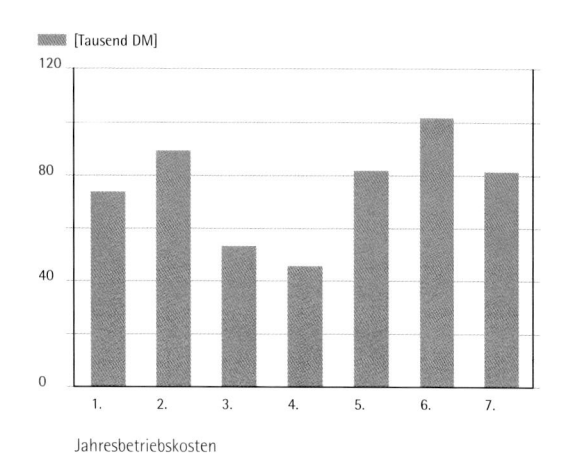

1. Heizöl-/ Erdgasfeuerung
2. Rapsöl mit Heizölspitzenkessel
3. Flüssiggas mit Flüssiggasspitzenkessel
4. Erdgas/RME mit Aquifer
5. Holzkessel mit Sonnenkollektoren
6. Holzkessel ohne Sonnenkollektoren
7. Großkollektor mit Aquifer

Investitionskosten

Jahresbetriebskosten

Folgende Varianten wurden im einzelnen betrachtet:

1. Heizöl- bzw. Erdgasfeuerung
2. Rapsöl-BHKW mit Spitzenkessel
3. Flüssiggas-BHKW mit Flüssiggas-Spitzenkessel
4. Erdgas-Rapsölmethylesther-(RME-) BHKW mit Kies-Wasser-Speicher
5. Holzfeuerung mit Sonnenkollektoren und Rapsöl-Spitzenkessel
6. Holzfeuerung mit Rapsöl-Spitzenkessel ohne Sonnenkollektoren
7. Großkollektoranlage mit Kies-Wasser-Speicher und Rapsöl-Spitzenkessel (realisierte Variante).

Die Bewertungskriterien umfassen ökonomische und ökologische Aspekte, den Innovationsgrad und Fragen der Betriebssicherheit. Die Wirtschaftlichkeit wird durch die Kenngrößen Investitions-, Betriebs- und Verbrauchskosten sowie den Wärmepreis der einzelnen Varianten dargestellt. Der CO_2-Ausstoß kennzeichnet maßgeblich die Umweltverträglichkeit.

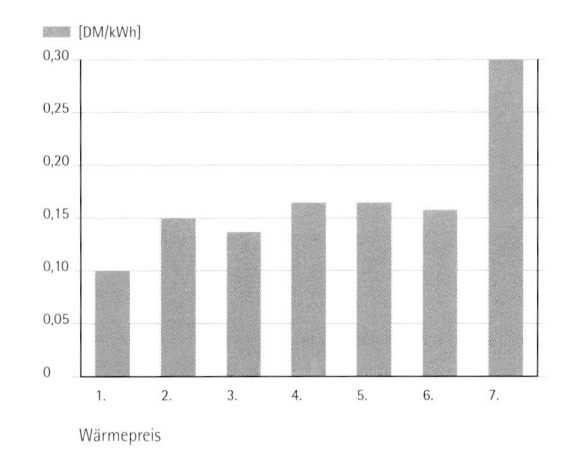

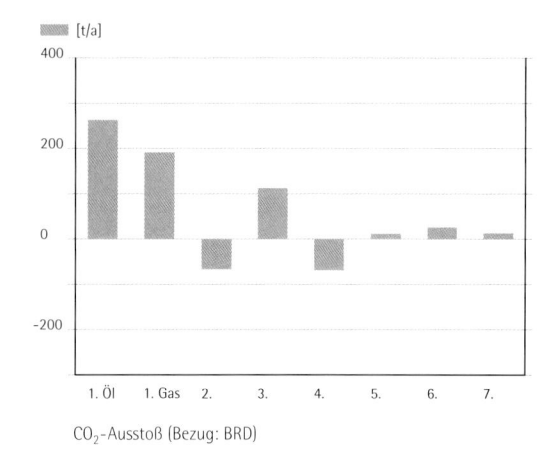

Wärmepreis

CO_2-Ausstoß (Bezug: BRD)

Realisiertes Energieversorgungskonzept

Unter Berücksichtigung des hohen Innovationsgrades und des geringen CO_2-Ausstoßes fiel die Entscheidung auf die Wärmeerzeugung über eine Großkollektoranlage mit einem saisonalen Wärmespeicher und einem Rapsöl-Spitzenkessel. Der mehr als doppelt so hohe Wärmepreis wurde dabei in Kauf genommen.

Die Kollektoranlagen (2000 m²) und der Langzeitwärmespeicher (6000 m³) sind so dimensioniert, dass 60 % des gesamten Energiebedarfs für die Raumheizung, die Brauchwassererwärmung und die Adsorptionskältemaschine solar gedeckt werden können. Der restliche Heizenergiebedarf wird von einem mit Rapsöl befeuerten Kessel sichergestellt. Dadurch kann unter Anrechnung der CO_2-Bindung beim Nachwachsen des Rapses der CO_2-Ausstoß bei der gesamten Wärme- und Kälteerzeugung auf ca. 5 % der Emissionen einer konventionellen Energieerzeugung gesenkt werden. Etwa 25 % des Kollektoreintrags werden direkt genutzt. Der Rest wird im Kies-Wasser-Speicher zwischengespeichert. In dem Hochtemperaturspeicher wird das Wasser auf bis zu 85 °C erwärmt. Bis in den Januar hinein kann das Gebäude mit der gespeicherten Wärmeenergie versorgt werden. Die jährlichen Speicher- und Verteilverluste betragen etwa 25 % der vom Kies-Wasser-Speicher aufgenommenen Wärmemenge.

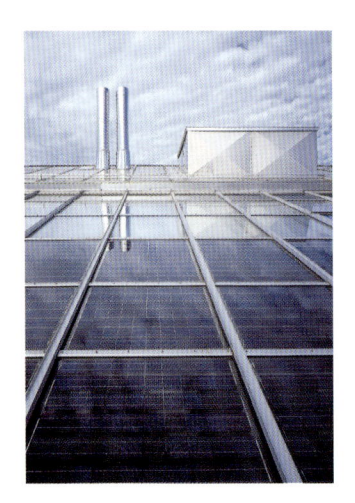

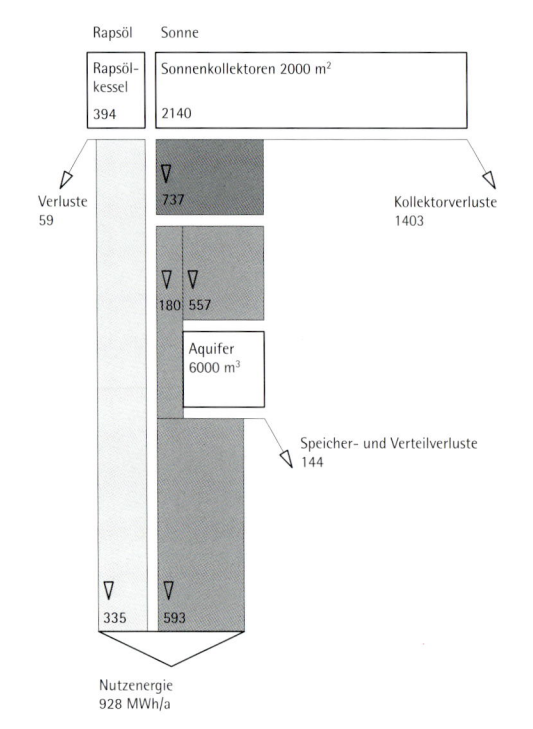

Photovoltaik

Energieflussdiagramm (Zahlenwerte in MWh/a)

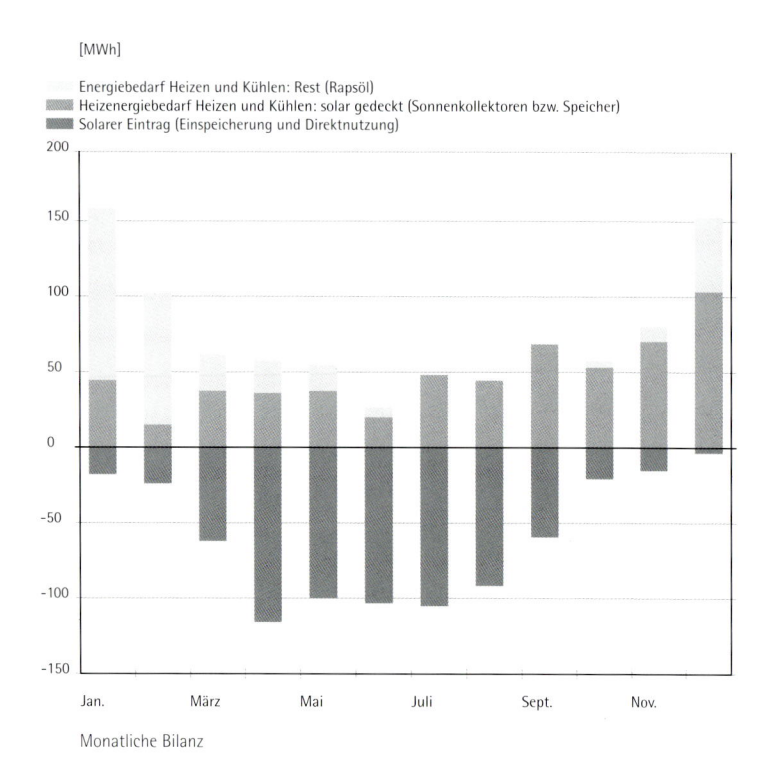

Monatliche Bilanz

Kollektoranlage

Das Kollektorfeld ist in die gesamte Dachfläche integriert und ersetzt die Dachhaut. Es besteht aus großflächigen Modulen mit einer Abmessung von 8,00 x 2,40 m auf dem Laborgebäude und von 5,60 x 2,40 m auf den beiden Verwaltungsgebäuden. Durch die Größe der Module konnten horizontale Stöße vermieden werden, deren Abdichtung bei der Montage problematisch gewesen wäre.

Für das Kollektorfeld wurden Flachkollektoren mit Titan-Oxid-Absorbern gewählt, weil diese bei der Herstellung einen geringeren Energieaufwand als konventionelle Schwarz-Chrom-Absorber erfordern. Außerdem verfügen sie über einen höheren Wirkungsgrad. Die Kollektoren sind nach Süden orientiert und haben gegenüber der Horizontalen eine Neigung von 15°. Der jährliche Ertrag der Kollektoren beträgt ca. 350 kWh/m²a.

Solarkollektoren

Photovoltaik
Kies-Wasser-Speicher
Thermische Solarkollektoren

Lageplan, M 1:2000

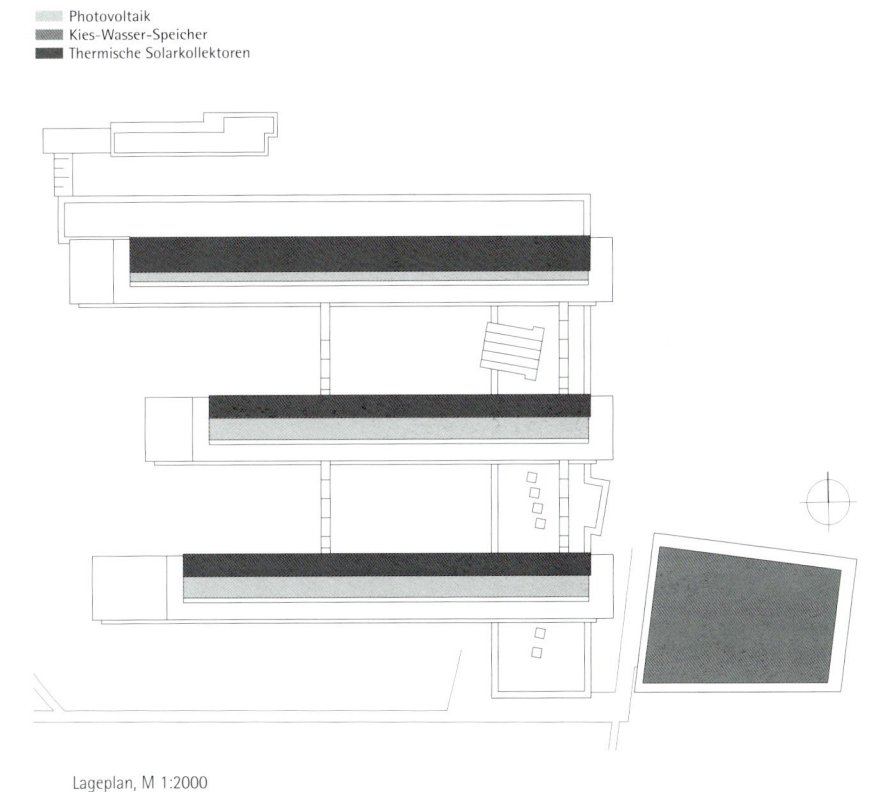

Anlagenschema der Energieversorgung

Kies-Wasser-Speicher
Saisonale Wärmespeicherung

Aquifer (im Vordergrund)

Mit Hilfe verschiedener Speichertechnologien besteht die Möglichkeit, einen Großteil der solaren Energiegewinne, die im Sommer anfallen, zwischenzuspeichern und in den Übergangszeiten und im Winter zu nutzen. Je großvolumiger und kompakter der Wärmespeicher aufgebaut ist, desto wirtschaftlicher ist er. Wasser eignet sich aufgrund seiner hohen Speicherkapazität am besten als Medium. So kann 1 m³ Wasser mehr als doppelt soviel Wärme speichern wie beispielsweise 1 m³ Kies.

Beim Landesamt für Umweltschutz fiel die Entscheidung auf einen Kies-Wasser-Speicher, weil im Baugebiet der Untergrund aus reinem Kies besteht. Der Speicher sollte mit geringstem Aufwand und mit möglichst geringen Kosten erstellt werden. Dazu wurde die Baugrube ausgehoben und die Wände abgeböscht. Die Baugrube wurde mit einer Wärmedämmung und einer Dichtungsbahn versehen und mit dem ausgehobenen Kies wieder verfüllt. Abschließend wurde das Wasser eingelassen, um die Wärmeübertragung im Speicher zu verbessern und die Speicherkapazität zu erhöhen.

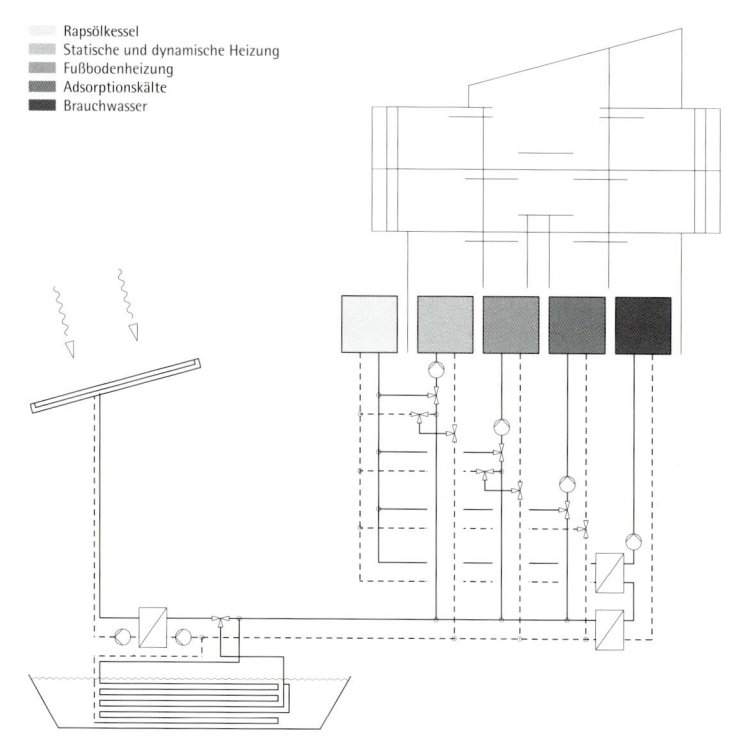

Rapsölkessel
Statische und dynamische Heizung
Fußbodenheizung
Adsorptionskälte
Brauchwasser

Schaltschema: Kollektor-Aquifer-Wärmeverbraucher

Die Wiederverwendung des Aushubs hat den Vorteil, dass dieser nicht abtransportiert werden muss. Außerdem trägt der Kies die obere Abdeckung des Speichers, wodurch eine aufwendige Tragkonstruktion entfällt.

Das Aushubmaterial wurde an Ort und Stelle durch Trockensiebung in die Korngrößen 0–8 mm und > 8 mm getrennt, bevor der Boden lagenweise wieder eingebaut wurde. Das feinkörnige Material dient als Schutzschicht für die Rohrleitungen, das grobkörnige als Tragschicht.

Der Speicher wird indirekt beladen, d.h. die Wärme wird über wasserdurchströmte Rohrschlangen in den Speicher eingebracht und wieder entnommen.

Die Rohrschlangen wurden in vier verschiedenen Höhen eingebaut, um die Temperaturschichtung über die Speicherhöhe zu nutzen. Außerdem sind sie in 50 parallel geschaltete Kreise aufgeteilt, die in zwei außerhalb des Speichers befindlichen Verteilschächten zusammengefasst werden. Der Kies-Wasser-Speicher in Augsburg ist der erste saisonale Langzeitwärmespeicher, der nach diesem System gebaut wurde. Ein direktes Be- und Entladesystem, das ohne Rohrschlangen im Speicher auskommt und hydraulisch wie ein konventioneller Warmwasserpufferspeicher funktioniert, konnte nicht realisiert werden. Der Grund: Wegen des stark kalkhaltigen Kieses wäre im Wärmeverteilsystem ständig Kalk ausgefallen. Ein alternatives kalkfreies Füllmaterial ist in Augsburg nicht verfügbar und hätte über weite Entfernungen angeliefert werden müssen.

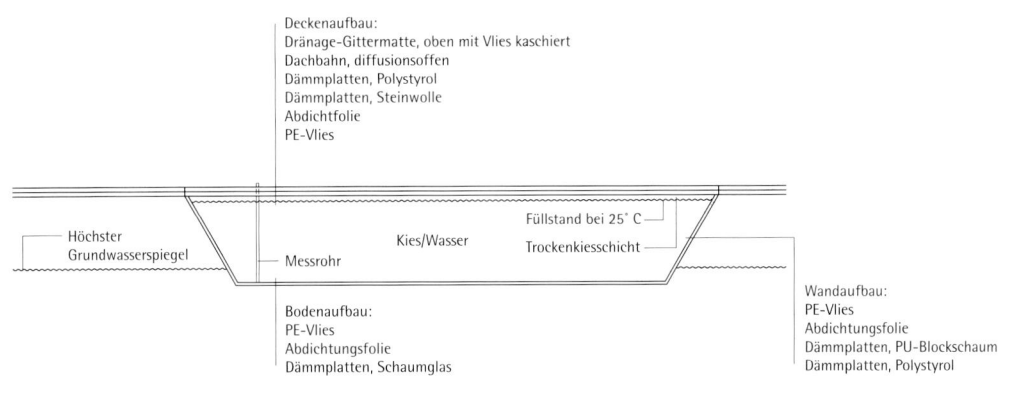

Deckenaufbau:
Dränage-Gittermatte, oben mit Vlies kaschiert
Dachbahn, diffusionsoffen
Dämmplatten, Polystyrol
Dämmplatten, Steinwolle
Abdichtfolie
PE-Vlies

Höchster Grundwasserspiegel
Messrohr
Kies/Wasser
Füllstand bei 25° C
Trockenkiesschicht

Bodenaufbau:
PE-Vlies
Abdichtungsfolie
Dämmplatten, Schaumglas

Wandaufbau:
PE-Vlies
Abdichtungsfolie
Dämmplatten, PU-Blockschaum
Dämmplatten, Polystyrol

Schnitt Aquifer, M 1:500

Beim Wandaufbau des Kies-Wasser-Speichers wurden wegen des nur ca. 2,5 m unter dem Gelände liegenden höchsten Grundwasserspiegels die Zonen oberhalb und unterhalb des Grundwasserpegels differenziert. Unterhalb des Grundwasserspiegels sowie auf dem Boden wurden Schaumglasplatten als Wärmedämmung verwendet. Dieses Material ist wegen seiner geschlossenen Zellstruktur feuchtigkeitsunempfindlich. Oberhalb des Grundwasserpegels waren die hohen baustofflichen Qualitäten des teuren Schaumglases nicht erforderlich. Aus diesem Grund wurden hier Polystyrolplatten in Kombination mit temperaturbeständigen PU-Blockschaumplatten eingesetzt. Auf der Dämmlage wurde eine PEHD-Dichtungsbahn, die eine Temperaturbeständigkeit von 85°C hat, verlegt und vollflächig verschweißt. Eine Sandschicht (Kies-Korngröße 0 – 8 mm) schützt diese Bahn vor mechanischen Beschädigungen. Auf dieser Sandschicht ist die erste Ebene der Rohrschlangen verlegt. Jede der vier Rohrschlangenebenen schützt ebenfalls eine Lage Sand. Zwischen die Ebenen wurde der ausgehobene Kies (Korngröße > 8 mm) lagenweise als Tragschicht eingebracht.

1. Fertige Baugrube des Speichers

2. Wärmedämmung der Sohle

3. Verschweißen der Dichtungsbahnen

4. Schutzvlies

5. Dichtungsbahn, Schutzvlies und erste Lage Sand

6. Erste Ebene Rohrschlangen

Eine letzte Sandschicht schützt die obere Dichtungsbahn aus verschweißtem PEHD-Material. Auf die oberste Dichtungsbahn werden zwei Dämmlagen Steinwolle sowie eine Polystyrolplatte aufgebracht. Eine diffusionsoffene Abdichtungsfolie verhindert das Eindringen von Regenwasser in die Dämmlagen. Die Abdeckung hat ein leichtes Gefälle, damit das Wasser im darauf liegenden Dränagekies ablaufen kann. Über mehrere Dränagerohre wird das Oberflächenwasser abgeführt.

Der Kies-Wasser-Speicher wurde im Februar 1998 fertiggestellt. Seine erste Beladung über die Sonnenkollektoranlage erfolgte im Sommer 1999. Die Speichertemperaturen betragen maximal 85°C. Diese sehr hohen Temperaturen ermöglichen es, die Speicherwärme direkt zu nutzen. Das Heizsystem ist auf eine Vorlauf- bzw. Rücklauftemperatur von 55° bzw. 35°C ausgelegt.

7. Einbringung der ersten Lage Kies

8. Verlegen einer weiteren Ebene Rohrschlangen

9. Anbindung der Rohrschlangen an Verteilerschacht

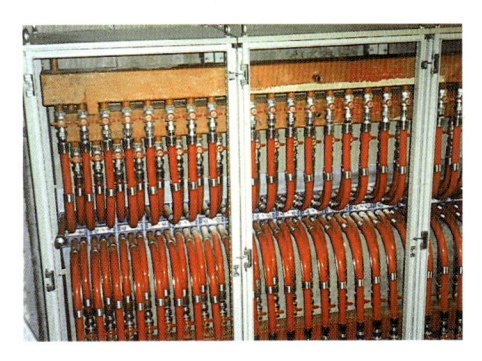

10. Verteiler und Sammler im Schacht

11. Speicher mit aufgebrachter Wärmedämmung

12. Fertiger Aquifer

Rapsölkesselanlage

Rapsölkessel

Rapsöl wird aus der Rapspflanze kaltgepresst und gehört zu den schnell nachwachsenden Rohstoffen. Rapsöl gilt als umweltverträglicher Energieträger, weil der Raps während des Wachstums die gleiche Menge an CO_2 absorbiert, die später bei der Verbrennung freigesetzt wird.

Die gesamte Feuerungsanlage wurde aus Redundanzgründen auf die Spitzenlast von 1 720 kW ausgelegt und auf zwei Standard-Niedertemperatur-Heizkessel mit großzügig dimensioniertem Feuerraum aufgeteilt. Handelsübliche Mittelölbrenner dienen der Verfeuerung. Mit dieser Anlage wird die fehlende Restwärme des Gesamtsystems (ca. 40% der gesamten Nutzwärme) abgedeckt.

Die Anlage wurde aus Gründen der Betriebssicherheit so konzipiert, dass eine Umstellung auf Heizöl jederzeit problemlos und ohne Beeinträchtigung für den Nutzer möglich ist.

Solare Kälteerzeugung – Adsorptionskältemaschine

In den Labors wird Kälte benötigt. Um Solarenergie auch für die Kälteerzeugung nutzen zu können, wird im Landesamt für Umweltschutz eine Adsorptionskältemaschine eingesetzt. Vorteile: Sie kann mit relativ niedrigen Temperaturen betrieben werden und braucht keine FCKW-haltigen Kältemittel. Beim Adsorptionsprozess werden Kieselgel (auch Silikagel) und Wasser als Kältemittel verwendet.

Kieselgel hat die Eigenschaft, Wasserdampfmoleküle zu adsorbieren (anzusaugen) und unter Wärmeabgabe zu binden. Die Beladung des Adsorbers mit Wasser ist abhängig von der Wasserdampfkonzentration der Luft und der Temperatur.

Rapsfeld

Adsorption – Kühlprozess: Ein luftdicht abgeschlossener Raum enthält im Gleichgewichtszustand Wasser und Wasserdampf. Durch das Kieselgel verschiebt sich der Gleichgewichtszustand zwischen Wasser und Wasserdampf. Folge: Immer mehr Wasser verdampft und der Umgebung wird die notwendige Verdampfungsenthalpie (Verdampfungswärme) entzogen. Der Prozess endet, wenn das Kieselgel mit Wasserdampfmolekülen gesättigt ist.

Desorption – Erwärmungsprozess: Durch Wärmezufuhr ist der Prozess der Adsorption umkehrbar. Dabei wird das Kieselgel erhitzt. Folge: Die gebundenen Wasserdampfmoleküle werden ab einer bestimmten Temperatur aus dem Kieselgel desorbiert, d.h. sie kondensieren (verflüssigen).

Beide Prozesse sind beliebig oft wiederholbar.

Adsorptions-Kältemaschine

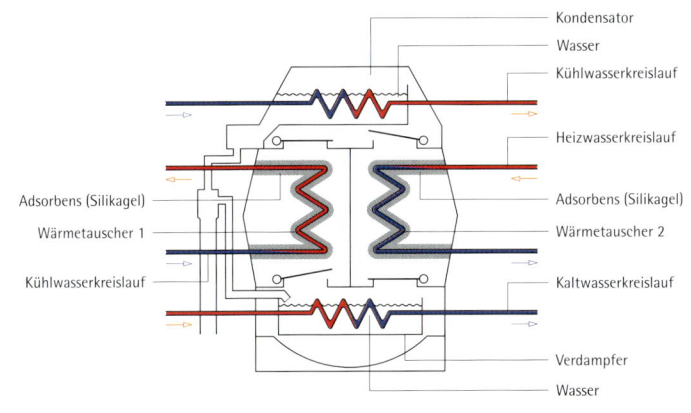

Schema-Schnitt Adsorptionskältemaschine

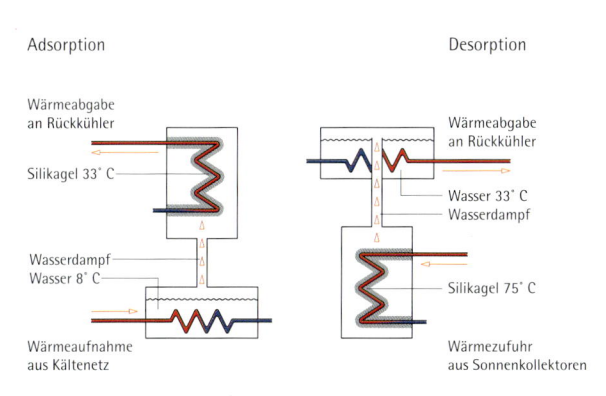

Schema Adsorption/Desorption

Landesamt für Umweltschutz, Augsburg 35

Untersuchte Fassaden-, Heizungs- und Lüftungskonzepte

Die Fassade, das Heizungs- und Lüftungssystem sowie die Energieerzeugung sollten ein aufeinander abgestimmtes und optimiertes Gesamtkonzept ergeben. Bei der Energieerzeugung über thermische Kollektoren in Verbindung mit einem saisonalen Wärmespeicher spielt das Temperaturniveau, mit dem Wärme zur Verfügung steht, eine wichtige Rolle. Damit der Speicher weitestgehend entladen werden kann, muss das Heizwasser aus dem Anlagensystem mit niedriger Temperatur in den Speicher eintreten. Dies muss bei der Planung des Heizungs- und Lüftungssystems sowie bei der Auslegung der Anlagenteile berücksichtigt werden.

Heizungs- und Lüftungskonzept sind darüber hinaus immer in engem Zusammenhang mit der Fassade zu sehen. Ziel ist es, in den Räumen behagliche klimatische Verhältnisse zu schaffen.

In der Planungsphase wurden drei unterschiedliche Konzepte für das Heizungs-, Lüftungs- und Fassadensystem entwickelt. Folgende Bewertungskriterien wurden festgelegt:

· Investitionskosten
· Energiebedarf
· Auswirkungen auf die sommerlichen
  Verhältnisse in den Räumen
· Behaglichkeit im Winter.

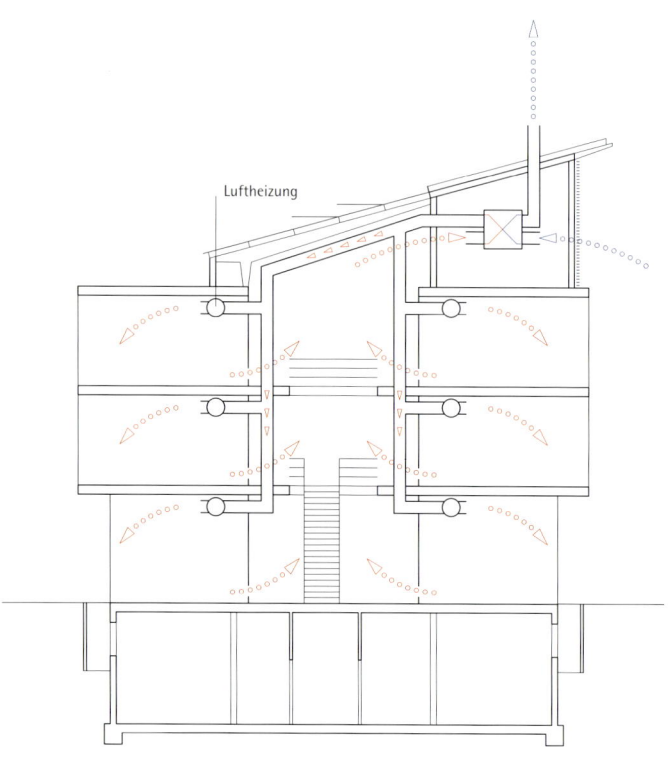

Variante A, M 1:250

Folgende Systeme wurden untersucht:

- Variante A (realisierte Variante)
  Einschalige Fassadenkonstruktion, Lüftungsheizungssystem mit Wärmerückgewinnung

- Variante B
  Einschalige Fassadenkonstruktion, Abluftsystem ohne Wärmerückgewinnung, Zuluft über die Fassade, statische Heizkörper an der Fassade

- Variante C
  Doppelfassade, Abluftsystem mit Wärmerückgewinnung, Zuluftsystem mit Luftführung über die Doppelfassade, statische Heizkörper an der Fassade.

Zur Bewertung der Fassaden- und Heizsysteme wurde ein Büro im Verwaltungsgebäude hinsichtlich Heizwärmebedarf, sommerlichem Verhalten und Behaglichkeitsverhältnissen detailliert untersucht.

Bewertung der drei Grundkonzepte:

	Variante A	Variante B	Variante C
Energiebedarf	+	o	+
Wärmerückgewinnung	+	–	+
Grundlüftung	+	+	+
Fensterlüftung	+	+	–
Tageslicht	+	+	–
Reinigung	+	+	–
Brandschutz	+	+	–
Kosten	o	o	–
Verhältnisse im Sommer	+	+	o
Behaglichkeit im Winter	o	+	+

– / o / +   negativ / durchschnittlich / positiv

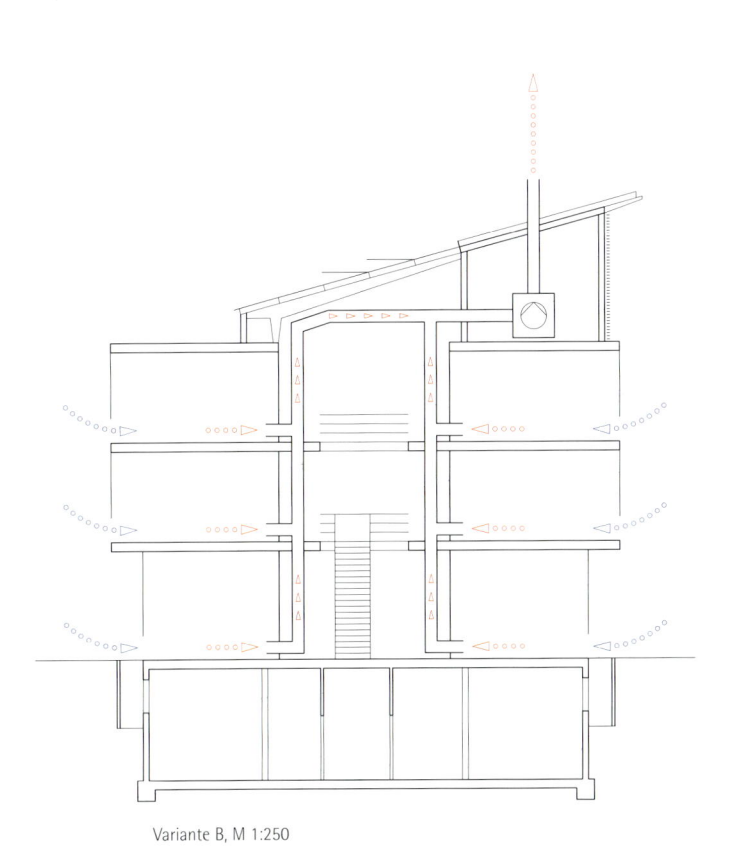

Variante B, M 1:250

Variante C, M 1:250

Realisiertes Heizungs-, Lüftungs- und Fassadenkonzept

Verwaltungsgebäude

Die Fassade besteht aus einer thermisch getrennten Pfosten-Riegel-Konstruktion (Stahl/Alu) mit Wärmeschutzverglasung bzw. wärmegedämmten Brüstungselementen. Die Fensterflügel haben nur Drehbeschläge. Eine Kippfunktion der Fenster wurde nicht realisiert, weil das Lüftungssystem für die Grundlüftung sorgt. Die Südfassaden besitzen einen außenliegenden, motorisch betriebenen Sonnenschutz. Zudem wirken die Gitterroste der Fluchtbalkone als feststehende, partielle Verschattung. Die Automatik des Sonnenschutzes kann individuell von Hand umgangen werden. Die Fenster wurden mit Magnetkontakten ausgestattet, die bei geöffnetem Fenster die Luft- bzw. Wärmezufuhr des Raumes unterbrechen.

In den Verwaltungsgebäuden wurde ein mechanisches Lüftungssystem mit Wärmerückgewinnung realisiert. Die erwärmte Außenluft wird über ein Kanalsystem den einzelnen Räumen zugeführt. Die Abluft strömt aus den Büros in die offene Mittelzone und wird dort im 2. OG an mehreren Stellen abgesaugt. Die Lüftungszentralen liegen im Dachgeschoss direkt über der Mittelzone, so dass nur kurze Wege für die Luftkanäle notwendig sind. Die Lüftungsheizung gewährleistet eine Grundlüftung in den Büroräumen mit einem ca. 1,5-fachen Luftwechsel. Die Mittelzonen werden indirekt durch die aus den Büroräumen überströmende Luft gelüftet.

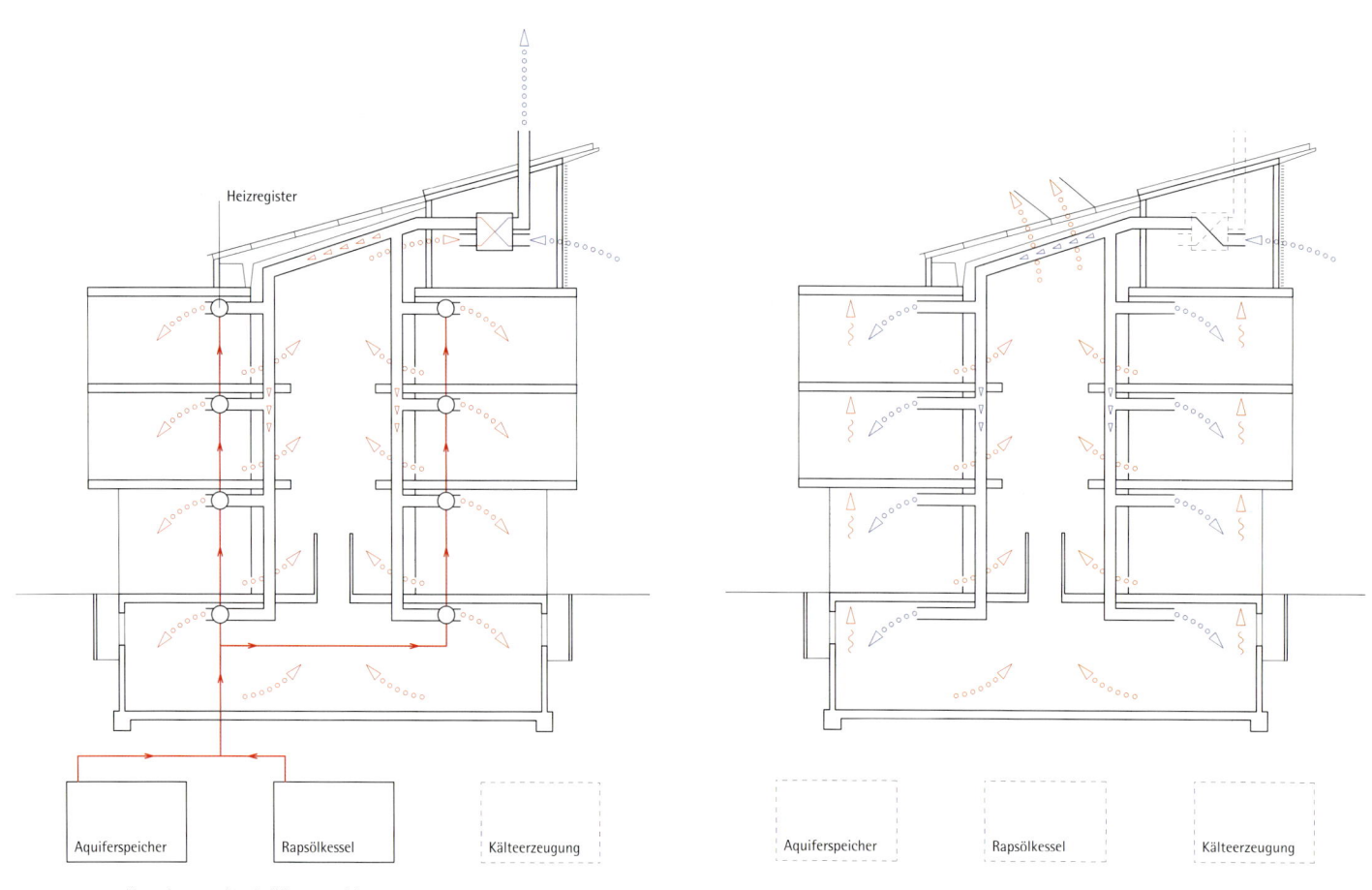

Verwaltungsgebäude Wintertag, M 1:250

Verwaltungsgebäude Sommernacht, M 1:250

Die Lüftungsheizung sorgt auch für die Wärmezufuhr in den Büroräumen. Jeder Raum erhält ein Nachheizregister, die Temperatur ist individuell zu regeln.

Ein Teil des Lüftungskonzeptes ist die nächtliche Auskühlung des Gebäudes im Sommer. Die Lüftungsanlage ist so ausgelegt, dass das Gebäude nachts mit einem 3-fachen Luftwechsel „durchspült" werden kann, um tagsüber gespeicherte Wärme nachts abzutransportieren. Auf abgehängte Decken wurde weitestgehend verzichtet, um möglichst viel Speichermasse zur Verfügung zu haben. Für die nächtliche Auskühlung wird nur das Zuluftsystem genutzt. Die Abluft gelangt aus der Mittelzone über Lüftungsklappen in der Schrägverglasung direkt ins Freie.

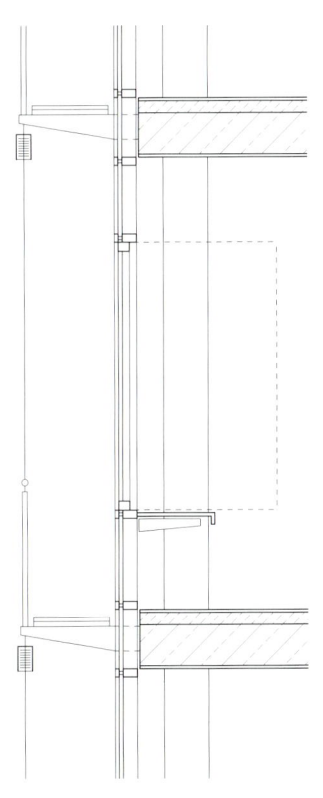

Fassaden-Schnitt, M 1:50

Laborgebäude

Das Laborgebäude hat eine einschalige Fassadenkonstruktion mit Fenstern, die geöffnet werden können, und statische Heizkörper als Warmwasser-Niedertemperatur-Heizung. Ein mechanisches Lüftungssystem mit vorkonditionierter Zuluft aus einem Erdkanal be- und entlüftet die Räume mit Luftwechselraten, die den Laborbaurichtlinien entsprechen. Eine Kühlung des Gebäudes ist wegen der Nutzung des Erdkanals nicht notwendig. Lediglich einzelne Räume mit hohen internen Lasten sind mit dezentralen Umluftkühlgeräten ausgestattet. Die Südfassade hat einen außenliegenden Sonnenschutz.

Installationstrassen

Querspange mit Eingangshalle

Die Fassade der Eingangshalle ist einschalig und hat Lüftungsflügel. Als Heizsystem wurde in der Querspange mit Vortragssaal, Bibliothek und Kantine eine Fußbodenheizung realisiert, die als Flächenheizung mit niedrigen Heizwassertemperaturen betrieben werden kann. Dadurch kann im Winter die im Kies-Wasser-Speicher enthaltene Restenergie sowie die von der Solaranlage gewonnene Energie optimal genutzt werden. Die Fußbodenheizung dient als Grundlastheizung. Heizkörper decken im Winter Wärmespitzen ab.

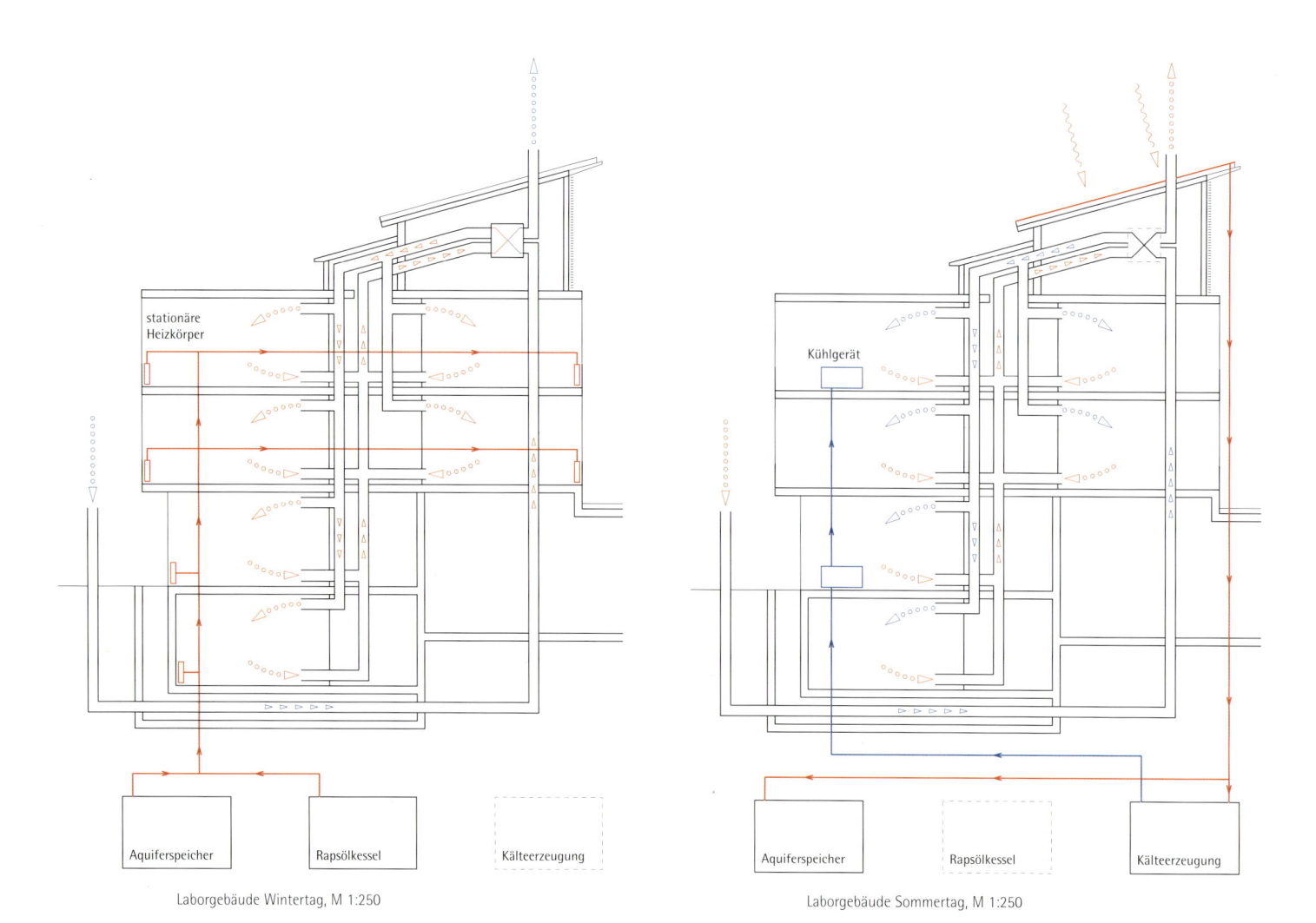

Laborgebäude Wintertag, M 1:250

Laborgebäude Sommertag, M 1:250

Erdkanal

Die Lüftungsanlagen des Laborgebäudes saugen die Außenluft über Erdkanäle mit einer Gesamtlänge von ca. 500 m an. Die Erdkanäle bestehen aus handelsüblichen Betonrohren mit Durchmessern von 1,20 m bis 2,20 m und wurden in der Baugrube verlegt.

Die Erdkanäle sorgen für eine Vorwärmung der Luft im Winter und für Kühlung im Sommer. Die Erwärmung im Winter beträgt je nach Außentemperatur 5 bis 10 K und die Abkühlung im Sommer ca. 5 K. Bei Außentemperaturen zwischen 14° und 21°C wird die Luft nicht mehr über die Erdkanäle, sondern direkt aus dem Freien angesaugt.

Ansaugkamine der Erdkanäle

Erdkanal im Bau

Erdkanal

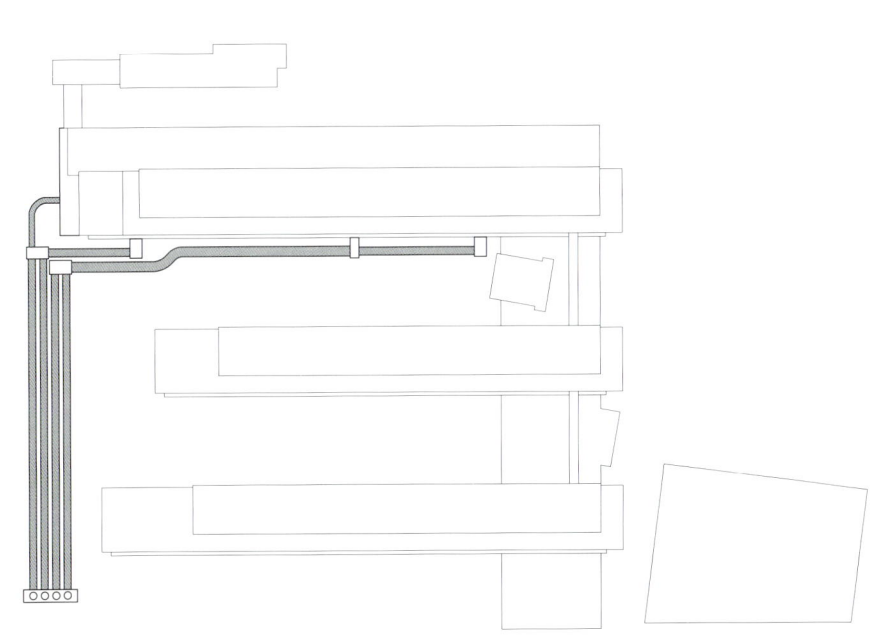

Lageplan mit Erdkanälen, M 1:2000

Gründerzentrum, Hamm

Bauherr
Landesentwicklungsgesellschaft
Nordrhein-Westfalen
Dortmund

Architekten
Hegger, Hegger, Schleiff
HHS Planer & Architekten BDA
Kassel
G. Schleiff
G. Greiner

Gebäudetechnik
Ingenieurbüro Hausladen
Kirchheim b. München
Prof. G. Hausladen
J. Bauer

Tragwerksplaner
Ingenieurbüro Dr. Meyer
Kassel
F. Wielert
H. Goldmann

In Nordrhein-Westfalen vollzieht sich ein großflächiger Strukturwandel, weg von Kohleabbau und Stahlproduktion, hin zur Schaffung zukunftsweisender Arbeitsplätze. Dabei will man den veralteten Strukturen mit modernsten Technologien begegnen.

Beispielhaft hierfür ist der Gewerbepark „Öko-Zentrum-NRW", der auf dem Gelände einer ehemaligen Kohlezeche der Ruhrkohle AG in Hamm entsteht. Bauherr ist die Landesentwicklungsgesellschaft (LEG) Nordrhein-Westfalen. Der Gewerbepark soll mit einer Kombination aus Schulung, Forschung, Ausstellung und Gewerbe Synergieeffekte ermöglichen.

Neuster Baustein ist das im März 1998 fertiggestellte Gründerzentrum „Hambau". Es zeigt, wie sich Flächen- und Baustoffrecycling mit energiesparendem Bauen verbinden lassen. Das Gründerzentrum ist gegenüber der monumentalen ehemaligen Maschinenhalle plaziert, die als Ausstellungsort deutlich macht, dass hier der Neubeginn das Alte miteinbezieht. Zusammen mit der Maschinenhalle und einem noch in der Planung befindlichen Gebäude umschließt das Gründerzentrum einen Platz am Eingang des Gewerbeparks.

Außerdem wird die Idee der Gemeinschaftlichkeit gefördert. Eingebunden in das Gesamtkonzept des „Öko-Zentrums" Nordrhein-Westfalen wird bis zu 24 ökologisch orientierten Handwerks- und Dienstleistungsbetrieben Starthilfe geboten.

Architektur

Das Gründerzentrum besteht aus einem Bürogebäude und einem Hallenkomplex. Das viergeschossige Bürogebäude mit der Form eines rechteckigen Kubus schließt über einen gläsernen Verbindungsgang an die Hallen an. Insgesamt stehen 4.500 m² Nutzfläche zur Verfügung. Die äußere klare Formensprache setzt sich nach innen in einer eindeutigen Raumanordnung fort.

Bei der Konzeption des Gebäudes wurde größter Wert auf ressourcenschonende Aspekte gelegt. Beispiel Materialrecycling: Die verwendeten Ziegelsteine stammen zum Großteil von einer abgerissenen Zeche, die früher in der Nachbarschaft stand. Bei der Auswahl der neuen Baustoffe wurden biologisch abbaubare, recycelfähige Materialien bevorzugt. Soweit wie möglich wurde auf oberflächenbehandelte Werkstoffe und auf Verbundwerkstoffe verzichtet. Nur dort, wo unbedingt notwendig, wurden Lasuren oder Farben auf Naturharz- oder Wasserbasis eingesetzt.

Der Hallenkomplex unterteilt sich in zwölf Werk- und sechs Lagerhallen. Die einzelnen Hallen lassen sich je nach Anforderung zu größeren Einheiten zusammenschließen. Die Unterteilung in beheizbare Werkhallen und nicht beheizte Lagerhallen zeigt das Bestreben, den Aufwand für die Beheizung so gering wie möglich zu halten. Zusätzlich gibt es die Möglichkeit, die Lagerhallen mit einer Heizung nachzurüsten. Die Werkhallen gruppieren sich um einen Innenhof, der als Freifläche zum Be- und Entladen oder als Werkhof allen zur Verfügung steht.

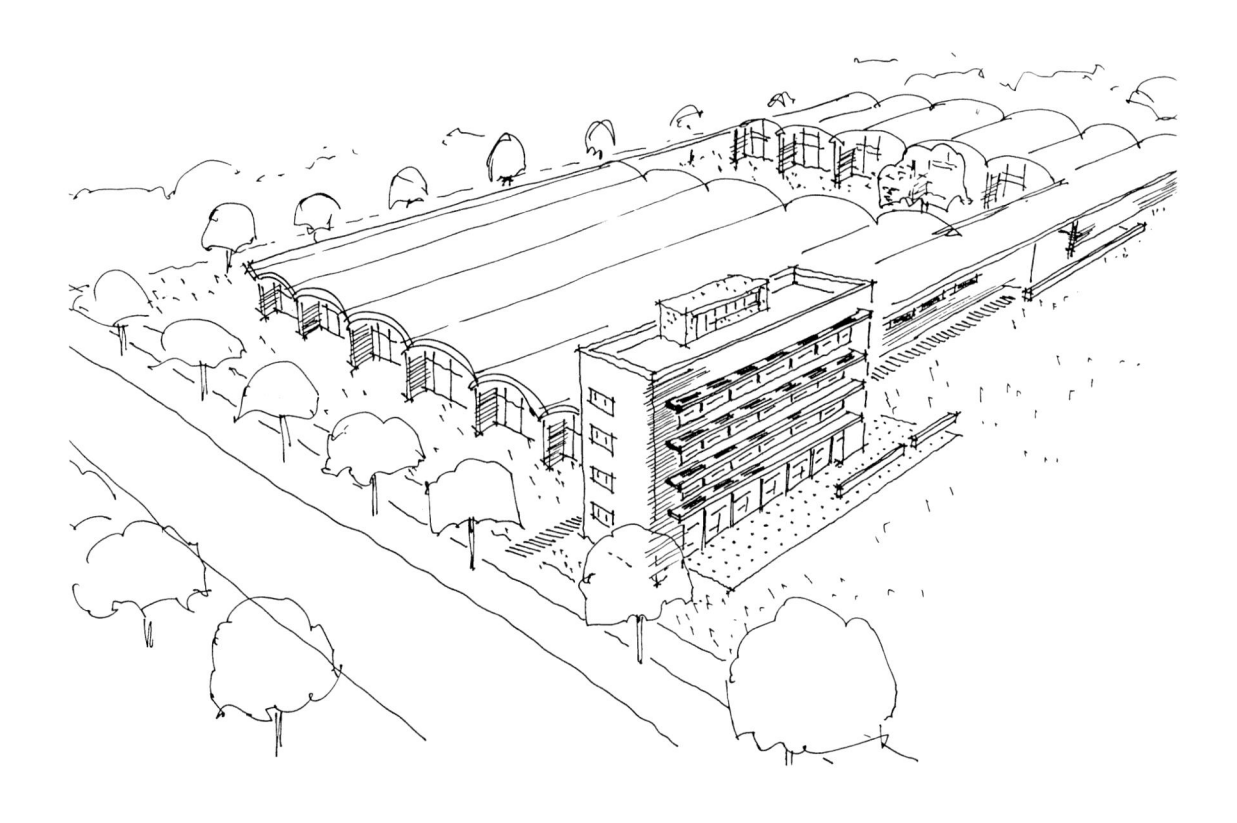

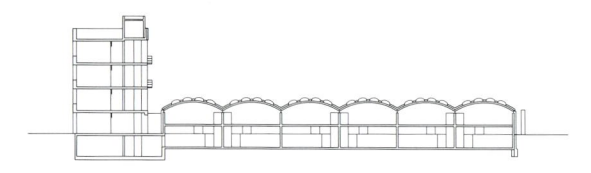

Die mehrschiffige Stahlskelettkonstruktion der Hallen ist mit recycelten Abbruchziegeln ausgemauert und mit gebogenen Brettschichthölzern überdeckt. Die Deckschalen wurden vorgefertigt und mit Zellulosedämmstoff ausgefüllt. Diese Lösung kennzeichnet die beste CO_2-Bilanz gegenüber anderen Tragwerksvarianten. Die gewölbten Tonnendächer sind aus Holz und extensiv begrünt. Die Grasdächer reduzieren das anfallende Regenwasser. Überschüssiges Regenwasser wird nicht in das Kanalsystem, sondern in die Regenwassernutzungsanlage mit einer 20 m³ großen Zisterne eingeleitet. Das Regenwasser wird für die Toilettenspülung und die Außenbewässerung genutzt und hilft, den Trinkwasserverbrauch zu reduzieren.

Querschnitt, M 1:1000

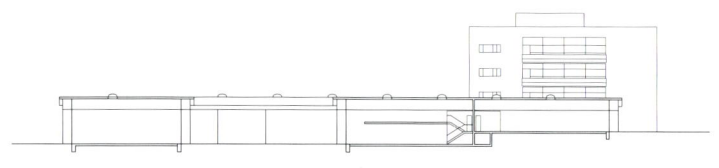

Längsschnitt, M 1:1000

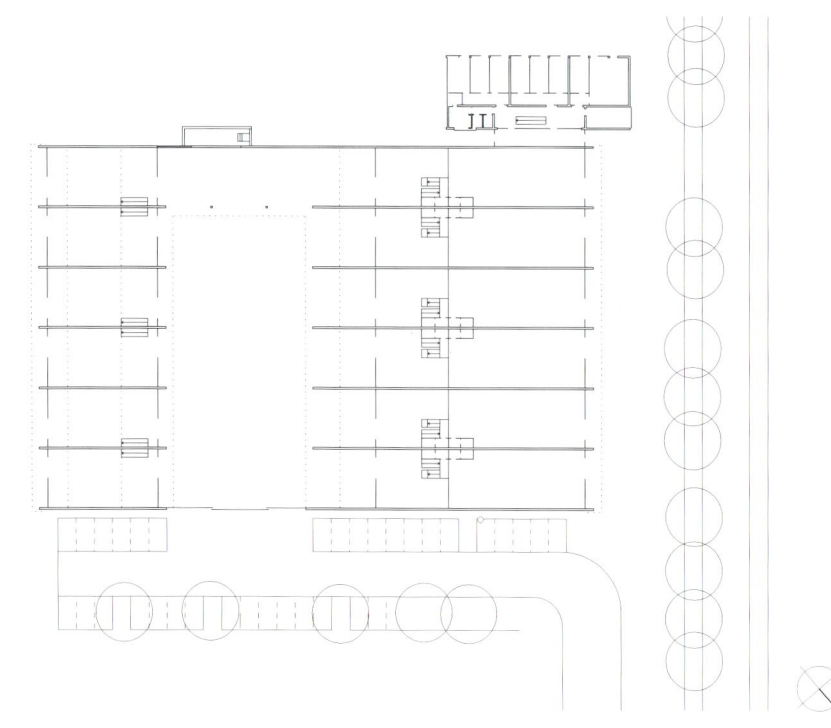

Grundriss, M 1:1000

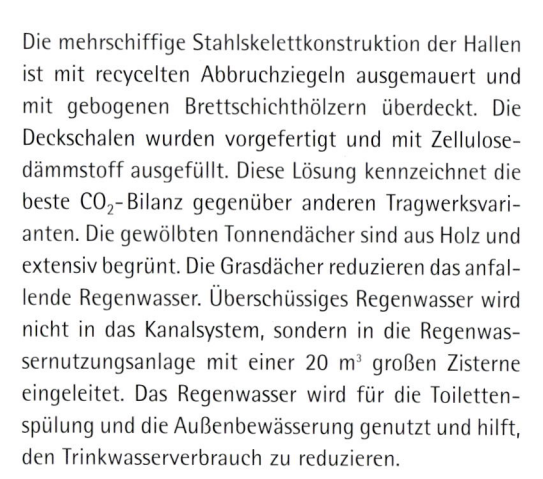

Ansicht

Das viergeschossige Bürogebäude des Gründerzentrums ist ein Massivbau mit hinterlüfteter Ziegelfassade. Die Geschossdecken sind als Brettstapelverbunddecken ausgeführt und bilden eine Alternative zu üblichen Deckenkonstruktionen. Durch die in die Decken eingefrästen Nuten wird eine gute Raumakustik geschaffen.

Großer Wert wird auf die Belichtung der Büroräume mit Tageslicht gelegt. Die Bürofenster und der dazugehörige Sonnenschutz sind aufgrund ihrer verschiedenen Funktionen horizontal geteilt. Der transparente untere Teil läßt den Blick nach außen zu, Lamellen schützen vor direkter Sonne. Das transluzent gestaltete Oberlicht (Konstruktion mit Mattglasfolie) lenkt in Verbindung mit außenliegenden Lamellen das Licht in die Tiefe des Raumes. Im Sommer kann über schmale, einbruchssichere Fensterflügel mit Wetterschutzgittern auch nachts gelüftet werden.

Die Konstruktion des Gesamtkomplexes wurde während der Planungs- und Ausführungsphase auf ihre Energiebilanz und den Primärenergieeinsatz hin untersucht und optimiert.

Südwestansicht

Mehrteiliges Fenster (Innenansicht)

Fassadenausschnitt

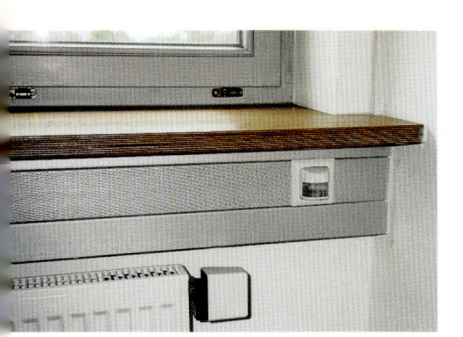

Heizkörper mit elektrischem
Stellmotor und Fensterkontakt

Lüftungselement in der Tür

Anlagentechnik Bürogebäude

Das Bürogebäude ist an die Fernwärme der Stadt Hamm angeschlossen und wird über eine Warmwasserzentralheizung mit Heizkörpern beheizt. Ein Bussystem (EIB) regelt die Temperatur in jedem Raum einzeln und entsprechend der unterschiedlichen Nutzungszeiten.

Die Büroräume werden über Fenster natürlich belüftet. Zur Vermeidung von Wärmeverlusten durch unkontrolliertes Lüften ist jede Fenstereinheit mit einem Kontakt versehen, der bei geöffnetem Fenster das Regelventil am Heizkörper schließt und somit das Heizen während des Lüftungsvorganges unterbindet.

Zur Verbesserung der sommerlichen Verhältnisse kann das Gebäude auch nachts durchlüftet und ausgekühlt werden. Deshalb existiert in jedem Büroraum ein wetter- und einbruchssicheres Fensterelement. Am höchsten Punkt des Treppenhauses befinden sich ebenfalls Lüftungsklappen. Bedingt durch den Temperaturunterschied zwischen kühler nächtlicher Außenluft und warmer Raumluft ergibt sich ein thermischer Auftrieb: Die kühle Nachtluft strömt über Fenster in die Büroräume, nimmt die Wärme der massiven Bauteile auf und entweicht über innenliegende Öffnungen ins Treppenhaus und von dort über das Dach wieder aus dem Gebäude.

Die Kombination von außenliegendem hochwirksamem Sonnenschutz, geringem Verglasungsanteil und nächtlicher Auskühlung der Speichermassen schafft im Sommer gute raumklimatische Verhältnisse.

Energiebilanz Bürogebäude:

- Jahresheizwärmebedarf   ca. 55 800 kWh/a
- Spezif. Jahresheizwärmebedarf   ca. 62 kWh/m²a.

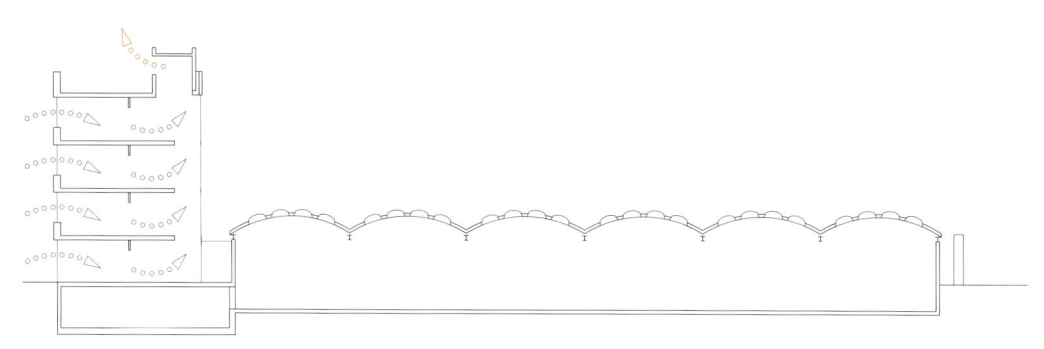

Nachtlüftung (Bürogebäude), M 1:500

Anlagentechnik Produktionshalle

Die Produktionshallen werden über ein Lüftungsheizsystem gelüftet und beheizt. Der Transmissionswärmebedarf ist aufgrund der kompakten Bauweise und der guten Wärmedämmung sehr gering. Deshalb reicht der Luftwechsel, der notwendig ist, um die Hallen ausreichend zu belüften auch für die Beheizung aus. Die Zuluft wird im Auslegungsfall auf 50° C erwärmt.

Der Lüftungswärmebedarf wird durch den Einbau einer Wärmerückgewinnungsanlage reduziert. Zusätzlich wird die Außenluft über einen großflächigen, in die Südostfassade des Bürogebäudes integrierten Luftkollektor erwärmt. Während extremer Außentemperaturen (Winter / Sommer) wird die Luft außerdem über einen Erdkanal vorgewärmt bzw. -gekühlt. Die aufgeführten drei Komponenten ermöglichen es, die Produktionshallen zum größten Teil des Jahres ohne weitere Wärmezufuhr ausreichend zu beheizen. Nur an kalten, trüben Wintertagen muss über ein Heizregister nachgeheizt werden.

Die Ventilatoren der Lüftungsanlage sind druckgeregelt und passen sich dem jeweiligen Luftbedarf automatisch an. Jede Halle ist außerdem mit einem Volumenstromregler ausgestattet. Der Nutzer kann individuell Luftmenge bzw. Raumtemperatur seiner Werkhalle regeln.

Erdkanal

Bei extremen Außentemperaturen im Winter wie im Sommer wird die Außenluft durch zwei 50 m lange, unter der Sohlplatte der Produktionshalle verlaufende Erdkanäle geführt. Die Rohre konnten kostengünstig im Sohlplattenversprung der Werkhallen verlegt werden. Sie liegen ca. 1,60 m unterhalb der mit 8 cm Foamglas gedämmten Sohlplatte. Ein separater Erdaushub war nicht notwendig. Im Winter wird die Außenluft im Erdkanal um 5 – 10 K erwärmt, im Sommer um rund 5 K abgekühlt.

Lüftungsgerät (UG)

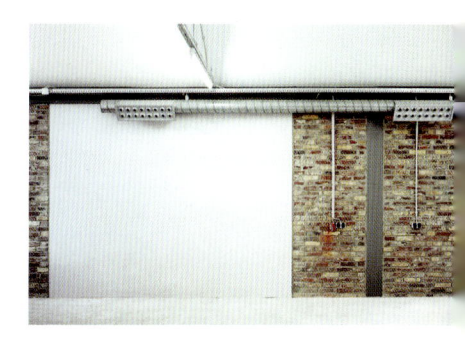

Lufteinbringung in den Raum

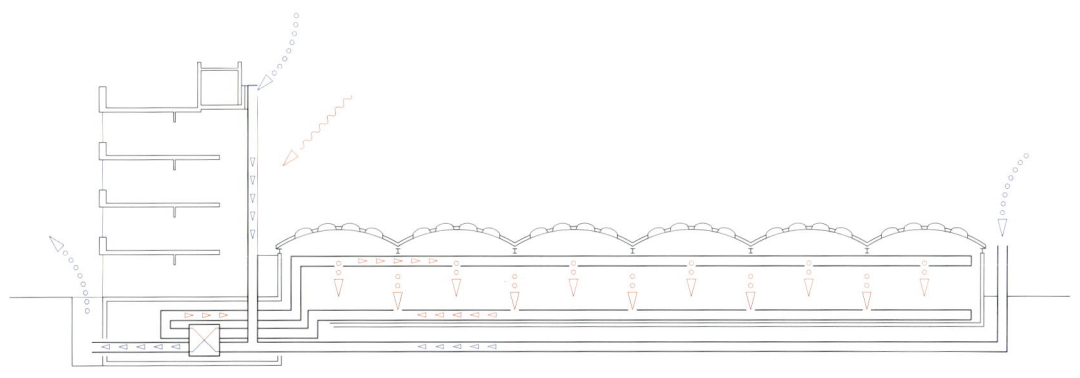

Energiekonzept (Produktionshalle), M 1:500

Luftkollektor

Der 120 m² große Luftkollektor befindet sich an der Südostseite des Bürogebäudes. Die einzelnen Luftkollektormodule sind in eine geschuppte, punktgehaltene Glasfassade integriert.

Im Winter wird Außenluft von oben nach unten zwischen Glasscheibe und Absorberfläche über das zentrale Lüftungsgerät angesaugt. Dabei nimmt die kalte Luft die solare Wärme auf und strömt vorgewärmt in die Produktionshallen zum Heizen und Lüften. Da in den Hallen keine hohen Temperaturanforderungen – lediglich 15° C – bestehen, wird an sonnenreichen Wintertagen der Heizwärmebedarf der Räume allein durch Sonnenenergie bzw. durch den Wärmegewinn im Luftkollektor gedeckt.

Um eine sommerliche Überhitzung des Kollektors zu vermeiden, wurden motorbetriebene Lüftungsklappen im oberen und unteren Bereich der Solarwand eingebaut. Diese Klappen ermöglichen eine Durchlüftung und somit das Abführen der im Sommer nicht benötigten Wärmeenergie.

Schnitt Luftkollektor, Wintertag, M 1:50

Luftkollektor (Südostfassade Bürogebäude)

Natürliche Lüftung

Zur Verbesserung des sommerlichen Raumklimas besteht die Möglichkeit, die Produktionshallen auch nachts zu lüften und damit auszukühlen. Dabei werden in den vertikalen Fassadenelementen und im Dach Lüftungsklappen geöffnet. Der thermische Auftrieb gewährleistet eine natürliche Durchlüftung. Mit Hilfe eines Wind- und Regenwächters werden die Klappen im Dach bei schlechter Witterung automatisch geschlossen.

Energiebilanz Produktionshalle:

- Jahresheizwärmebedarf   87 000 kWh/a
  bei Raumtemperatur 15°C
- Nutzen Erdkanal   1 500 kWh/a
- Nutzen Kollektorwand   36 000 kWh/a
- Effekt. Jahresheizwärmebedarf   50 000 kWh/a
- Spezif. Jahresheizwärmebedarf   28 kWh/m^{2}a.

Innenansicht Produktionshalle

Fassadenelement mit quadratischer Lüftungsklappe

Oberlicht und Lüftungsklappen

Landesamt für Statistik und Datenverarbeitung, Schweinfurt

Bauherr
Freistaat Bayern

Architekt
Kuntz & Manz
Würzburg
M. Kuntz
M. Eckenweber

Energietechnik
TransSolar
Stuttgart
Prof. T. Lechner

Gebäudetechnik,
Lüftungskonzept
Ingenieurbüro Hausladen
Kirchheim b. München
Prof. G. Hausladen
T. Ebert

Tageslicht, Beleuchtung
Ingenieurbüro Köster
Frankfurt
H. Köster

Im Januar 1998 wurde der Neubau des Landesamtes für Statistik und Datenverarbeitung in Schweinfurt bezogen. Das Gebäude wurde konsequent nach den Grundsätzen energiesparenden Bauens sowie natürlicher Belichtung und Belüftung realisiert. Ziel war ein staatliches Gebäude, das trotz seines nutzungsbedingten hermetischen Charakters den Dialog mit der Öffentlichkeit über eine transparent gestaltete Fassade ermöglicht.

Die besondere Aufmerksamkeit des Planungsteams galt der Verwirklichung der Fassade, die ganz unterschiedliche Funktionen zu erfüllen hat, und dem ressourcenschonenden Lüftungs- und Heizungskonzept.

Entwurfsziele

Geplant war ein Niedrigenergiegebäude mit umweltschonenden und energiesparenden Versorgungssystemen. Folgende Ziele sollten realisiert werden:

· Geringer Energieverbrauch
· Hoher Komfort für die Gebäudenutzer
· Vermeidung einer Klimaanlage mit mechanischer Kälteerzeugung
· Maximale Ausnutzung interner und externer Wärmegewinne
· Optimale Tagesbelichtung aller Arbeitsplätze
· Minimaler Technikeinsatz
· Weitgehend automatisch ablaufende Vorgänge, die dennoch individuelle Eingriffsmöglichkeiten bieten.

Architektur

Der Neubau des Landesamtes für Statistik und Datenverarbeitung ist ein kompakter, quadratischer Solitärbau mit einer Kantenlänge von ca. 42 m. Die Hauptnutzfläche beträgt 4250 m². Zentrales Gebäudeelement ist ein vier Stockwerke hohes Atrium mit einer Grundfläche von ca. 225 m². Um dieses Atrium herum sind im Erdgeschoss Sonderräume und Besprechungszimmer untergebracht. Im 1. und 2. Obergeschoss ordnet der Entwurf die Hauptbüroräume in Form von Großraumbüros mit einer maximalen Raumtiefe von 11,20 m für insgesamt rund 200 Mitarbeiter an. Im 3. Obergeschoss befinden sich kleinere Einzelbüros. Das Atrium hat ein Glasdach und wird natürlich belichtet. Es dient als Eingangs- und Kommunikationsbereich und verbindet die einzelnen Büroräume über Galerien miteinander. Im 1. Untergeschoss befinden sich die Archivräume, in zwei weiteren Untergeschossen sind Tiefgarageneinstellplätze sowie Technikräume für Heizung und Lüftung untergebracht.

Bautechnik

Das Gebäudekonzept zielt darauf ab, die natürlichen Wärme- und Kältepotentiale der Umgebung und des Erdreichs optimal zu nutzen.

Durch das sehr niedrige A/V-Verhältnis des Gebäudekörpers und durch die hochwärmegedämmte Gebäudehülle entstehen nur geringe Transmissionswärmeverluste. Ein kontrolliertes Zu- und Abluftsystem mit Wärmerückgewinnung sorgt zusätzlich für niedrige Lüftungswärmeverluste. Wichtiger Bestandteil dieses Lüftungssystems ist das Atrium.

Ein weiterer wichtiger Teil des Lüftungskonzeptes ist der Erdkanal, der im Winter zu einer Vorwärmung und im Sommer zu einer Abkühlung der einströmenden Außenluft führt. Die thermische Behaglichkeit im Sommer wird durch den Erdkanal und durch die Nutzung der Speicherwirkung der massiven Gebäudeteile gesichert, obwohl intern hohe Wärmelasten anfallen.

Zur Tagesbelichtung aller Arbeitsplätze tragen die großen transparenten Flächen und die Tageslichtlenkelemente in der äußeren Fassade bei. Zusätzlich dient das Atrium der natürlichen Belichtung aller Büroräume.

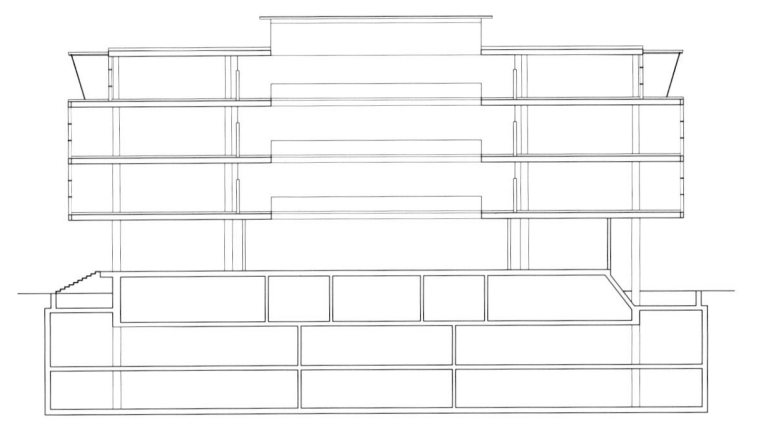

Schnitt, M 1:500

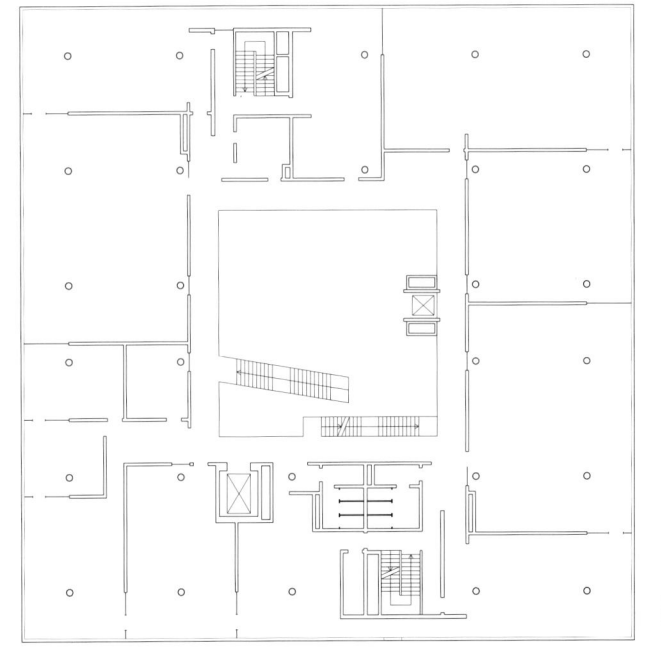

Grundriss 1. OG, M 1:500

Fassade

Die Fassade als Gebäudehülle vermittelt zwischen Innen- und Außenklima. Das heißt, sie muss nicht nur der Bewitterung durch das Außenklima standhalten und einen angemessenen Schallschutz bieten, sondern sie hat auch verschiedene klimatische Filterfunktionen zu erfüllen. Außerdem muss das äußere Erscheinungsbild der Gebäudehülle formal-ästhetischen Gesichtspunkten gerecht werden. Im speziellen Fall des Landesamtes für Statistik und Datenverarbeitung sollte die Fassade auch das Entwurfsziel „Dialog mit der Öffentlichkeit" in ansprechender Form umsetzen.

Als flexibel reagierende Membran soll die Gebäudehülle folgende Aufgaben erfüllen:

· Sommerlicher Wärmeschutz
· Blendschutz
· Winterlicher Wärmeschutz
· Ausnutzung passiver solarer Einstrahlung im Winter
· Belichtung der tiefen Büroräume mit Tageslicht
· Blickbeziehung von innen nach außen
· Öffnungsmöglichkeit der Fassade für den direkten Kontakt mit der Umwelt
· Individuelle Lüftungsmöglichkeiten
· Ein hohes Maß an Transparenz für den Betrachter zur Kontaktaufnahme von außen nach innen.

Das gestalterische Ziel des Architekten war es, eine Vollverglasung zu realisieren und dabei auf einen äußeren Sonnenschutz möglichst zu verzichten. Zusätzlich war zu berücksichtigen, dass die Fassade über einen absolut sicheren Einbruchschutz verfügen muss – auch bei geöffneten Lüftungselementen während der Nacht.

Unsere Aufgabe bestand darin, gemeinsam mit den Architekten und dem übrigen Planungsteam mehrere Fassadenvarianten zu untersuchen und hinsichtlich der raumklimatischen Auswirkungen, insbesondere des sommerlichen Verhaltens, zu bewerten. Dabei wollten wir ein akzeptables Raumklima schaffen, die Räume

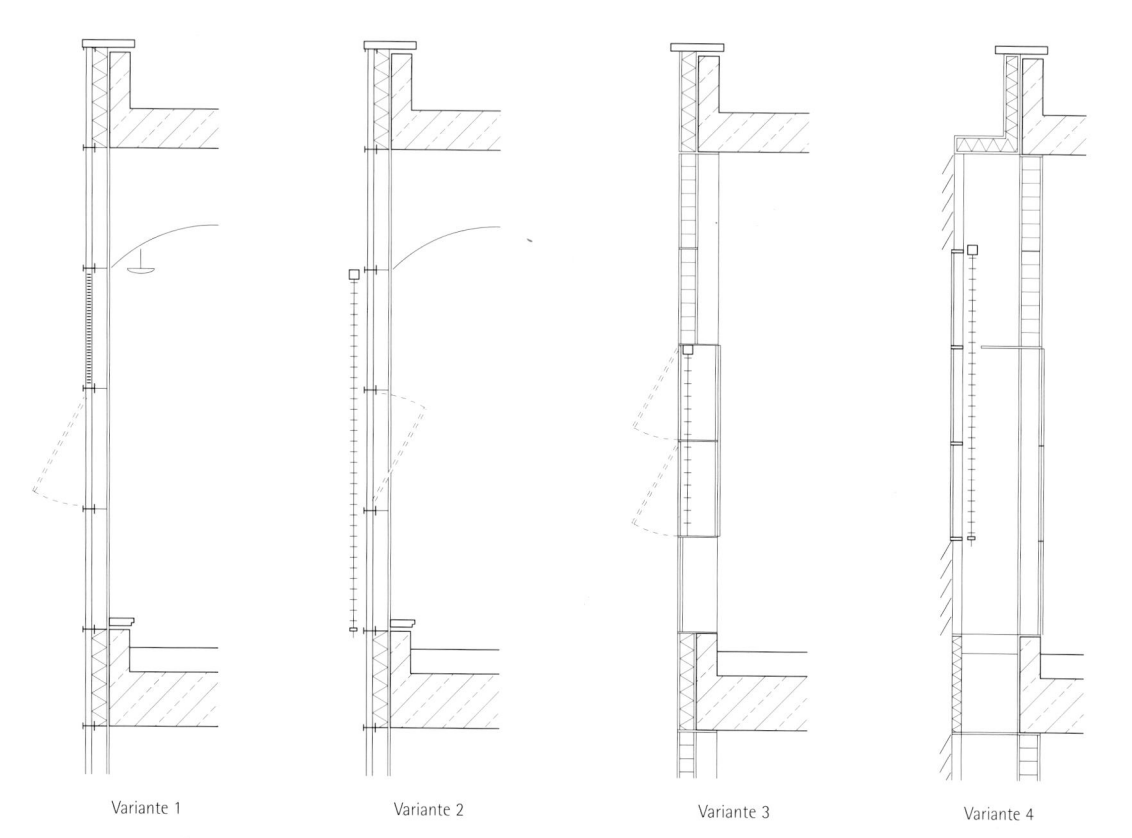

Schema-Schnitt der vier Fassadenvarianten 2. OG, M 1:50

Variante 1   Variante 2   Variante 3   Variante 4

weitgehend natürlich belichten und belüften, ohne den Einsatz von Klimaanlage und Kälteerzeugung, und außerdem dem formal-ästhetischen Anspruch der Architekten gerecht werden.

Nachfolgend werden vier der untersuchten Fassadenvarianten dargestellt:

Variante 1 Einfachfassade mit integriertem Sonnenschutz, 5-teilig:

· Oberlichtzone mit integrierten Lichtlenkelementen
· Oberlichtzone mit integrierten Lichtlenkelementen (Büroräume) bzw. mit opaken Elementen (Eckräume)
· Fensterzone mit integriertem beweglichen Sonnenschutz und Öffnungselementen
· Brüstungselement fest verglast
· Brüstungselement opak.

Variante 2 Einfachfassade mit außenliegendem Sonnenschutz, 5-teilig:

· Oberlichtzone fest verglast (ohne Sonnenschutz)
· Oberlichtzone fest verglast (hinter außenliegendem Sonnenschutz)
· Fensterzone mit Öffnungselementen
· Brüstungselement fest verglast
· Brüstungselement opak.

Variante 3 Einfachfassade mit Kastenfenster, 6-teilig:

· Zwei Oberlichtzonen mit Lichtlenkelementen
· Zwei Fensterzonen (Kastenfenster) mit Öffnungselementen
· Brüstungselement fest verglast
· Brüstungselement opak.

Variante 4 Doppelfassade, 6-teilig:

Innenfassade
· Oberlichtzone mit Lichtlenkelementen
· Fensterzone mit Öffnungselementen
Außenfassade
· Glaslamellen öffenbar
· Einfachverglasung mit Sonnenschutz
· Brüstungselement opak.

Mit Hilfe dynamischer Simulationsrechnungen wurden die Auswirkungen der verschiedenen Fassadenvarianten auf die Raumtemperatur untersucht. Die Diagramme zeigen die Ergebnisse. Es wurde exemplarisch ein Büroraum mit nur einer Fassadenorientierung (kein Eckraum) untersucht. Als Simulationsgrundlage der Aussenbedingungen wurden die Wetterdaten der VDI Richtlinie 2078 für das Flusstalklima gewählt. Die Diagramme stellen die Raumlufttemperatur und die Empfindungstemperatur für die Fassadenvarianten 1 bis 4 nach dem 5. Tag bei maximaler Außentemperatur dar und die Anzahl der Stunden während der Büroarbeitszeit, in denen bestimmte Raumlufttemperaturen überschritten werden.

Auswirkungen der Fassade auf die Raumlufttemperatur

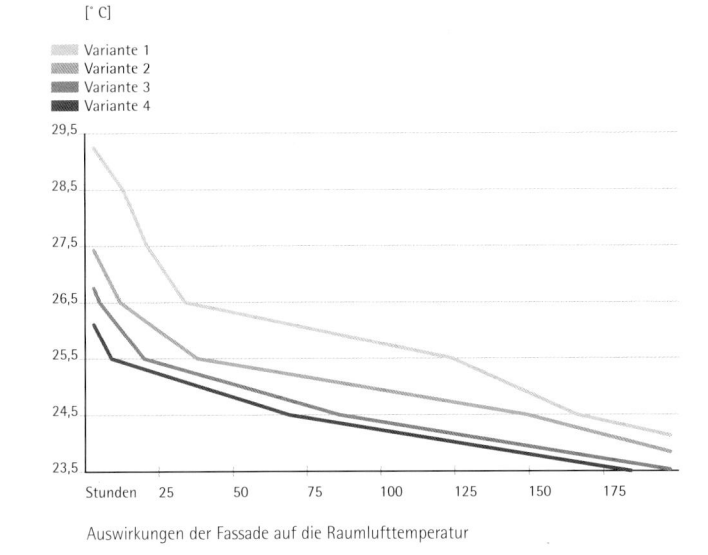

Fassadenvariante	Außentemp. [°C]	Raumlufttemp. [°C]	Empfindungstemp. [°C]
1	33	29,8	28,8
2	33	28,6	26,7
3	33	28,1	27,2
4	33	27,5	26,5

Maximaltemperatur der untersuchten Fassadenvarianten am 5. Tag

Fassadenansicht

Feststehender Sonnenschutz DG

Bewertung der untersuchten Fassadenkonstruktionen

Die realisierte Fassadenkonstruktion entspricht in etwa Variante 3, die in Teilen optimiert wurde. Der Vorteil dieser Variante liegt in der Kastenfensterkonstruktion, die die Möglichkeit einer einbruchsicheren, natürlichen Nachtlüftung bietet. Auch Variante 4 bietet diesen Vorteil, allerdings wäre die konstruktive Umsetzung mit deutlich höheren Baukosten verbunden. Fassadenvariante 1 wurde nicht weiter verfolgt, da sie den ausreichenden Schutz vor Überhitzung der Innenräume nicht garantieren kann. Im Hinblick auf das äußere Erscheinungsbild des Gebäudes und den architektonischen Anspruch kam auch Variante 2 mit einem außenliegenden Sonnenschutz nicht in Frage.

Fassadenaufbau der realisierten Konstruktion

Als Fassadenkonstruktion wurde eine Pfosten–Riegel-Konstruktion aus MPX Holz-Compoundprofilen realisiert. Der Achsabstand der Pfosten orientiert sich an den Rasterabständen von 1,27 m. Die Fassadeneinheit zwischen jeweils zwei Pfosten ist als 6-teiliges Element ausgeführt, das durch horizontal laufende Riegel gegliedert ist. Je zwei Elemente einer Fassadeneinheit sind einer der drei folgenden Zonen zugeordnet:

· Oberlichtzone: Tageslichtlenkung
· Fensterzone (Kastenfenster): Sichtverbindung, Lüftung
· Brüstungszone.

Oberlicht

Dieser obere Fassadenabschnitt ist nach außen einfach verglast und zur Innenseite mit einem elementgroßen Klappflügel mit Wärmeschutzverglasung ausgestattet. In diesem Scheibenzwischenraum ist eine neu entwickelte, mehrfach gekantete Lichtlenklamelle eingebaut, die Anteile des direkten Sonnenlichtes nach außen reflektiert oder über die Rippenstreckmetalldecke in die Raumtiefe lenkt.

Durch doppelte Dichtungen wird der Innenraum dieses Doppelelementes weitgehend staubfrei gehalten, ist allerdings über die mit Gasdruckfedern betriebenen Klappflügel zur Wartung und Reinigung zugänglich. In den Eckräumen ist ein Großteil der Elemente durch halbe Paneelfelder geschlossen, um den Eintrag von Wärme zu reduzieren.

Kastenfenster

Diese Fassadenzone ist im Wechsel außen fest verglast oder mit einem motorisch betriebenen Klappflügel ausgestattet: Zur Rauminnenseite sind Drehkippflügel mit Wärmeschutzverglasung angebracht, die eine manuelle Lüftung ermöglichen. Zum Schutz gegen Überhitzung ist dieser Fassadenabschnitt nach außen dauerhinterlüftet. Im witterungsgeschützten Zwischenraum ist eine hochreflektierende Sonnenschutzjalousie montiert. Teilweise ist diese innere Ebene als gedämmtes Paneel ausgeführt, um die solare Belastung zu reduzieren oder um als Klappflügel mit Motorbetrieb die Nachtlüftung zu ermöglichen.

Die Öffnungsflügel und Jalousien sind zentral steuerbar und können in Abhängigkeit von den klimatischen Bedingungen oder der Raumnutzung übergeordnet geregelt werden. Der Nutzer kann Lüftung und Sonnenschutz aber auch individuell regeln.

Brüstungselement

Die Brüstungselemente sind überwiegend fest verglast, wobei das Sonnenschutzglas 66/34 teilweise mit Siebdruckstreifen belegt ist, um die solare Belastung zu mindern. Somit ist auch bei geschlossenen Lamellen immer Blickkontakt nach außen möglich, ohne dass es durch das tief liegende Element zu Blendungserscheinungen kommen kann. In den Eckräumen sind diese Felder zum Schutz gegen Überhitzung als geschlossene Paneelfelder ausgebildet und mit den Elementhälften vor den Massivdecken zu Großfeldern zusammengefasst; diese Paneele sind aufgebaut aus siebdruckmattierten Floatgläsern vor farbigen Hartfaserplatten und rauminnenseitigen MDF-Platten, welche die Wärmedämmung einschließen.

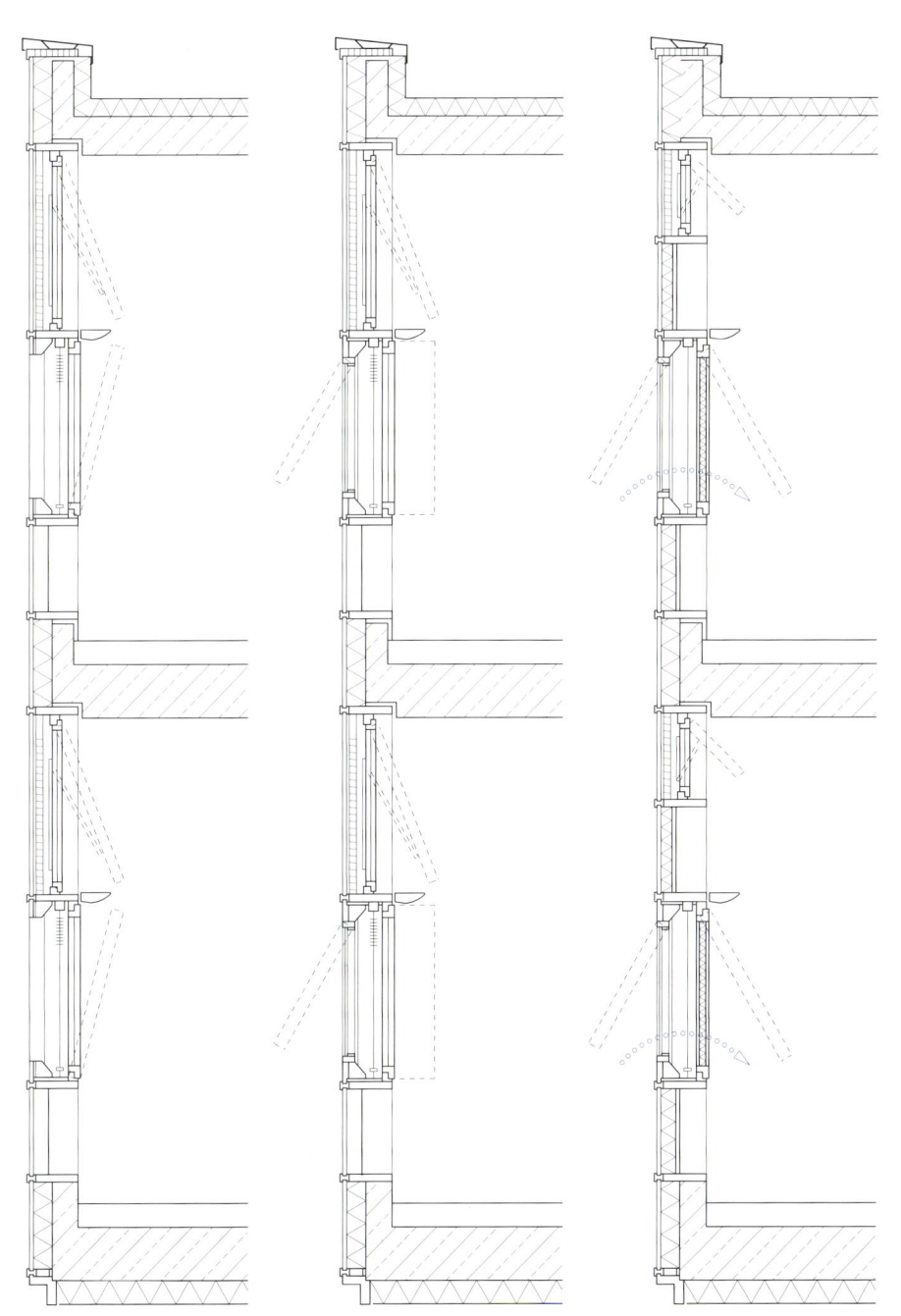

Fassaden-Schnitte im 1. und 2. OG, M 1:50

Kastenfenster

Innenansicht mit Sonnenschutz und Tageslichtlenkung

Innenansicht (Eckraum)

Landesamt für Statistik und Datenverarbeitung, Schweinfurt

Lüftungsaussläse im Fussboden

Lüftungskonzept

Die Großraumbüros mit Raumtiefen bis zu 11,20 m erfordern gemäß der Arbeitsstättenrichtlinien eine mechanische Be- und Entlüftungsanlage, um die Frischluftzufuhr des weiter innenliegenden Raumes sicherzustellen.

Gleichzeitig sollte hier ein innovatives, energiesparendes Lüftungskonzept verwirklicht werden, das den Lüftungswärmebedarf im Winter senkt und im Sommer ohne mechanische Kälteerzeugung und ohne konventionelle Klimatisierung für behagliche Temperaturen sorgt.

Aufgrund des vorhandenen Gebäudeentwurfs entschied man sich, das Atrium in das Lüftungskonzept mit einzubeziehen und für die Luftverteilung zu nutzen. Während des Planungsprozesses wurden zwei unterschiedliche Lüftungsvarianten – Zuluftatrium und Abluftatrium – im Hinblick auf Energieverbrauch und technischen Aufwand untersucht.

Lüftungsvariante Zuluftatrium (Konzeptuntersuchung)

Die Außenluft wird über einen Erdkanal angesaugt und von einem zentralen Lüftungsgerät mit Wärmerückgewinnung direkt in das Atrium geblasen. Mehrere kleine Ventilatoren saugen die Zuluft aus dem Atrium an und leiten sie in den luftführenden Hohlraumboden der Büroräume weiter. Dort entweicht die Zuluft über Quellluftauslässe aus dem Hohlraumboden und wird über Lüftungskanäle in der Decke wieder abgesaugt.

Diese Variante ist verworfen worden, weil sie im Winter eine Luftverschlechterung in den Büroräumen zur Folge hat und es zu Zugerscheinungen in den Büros kommen kann. Die Luft strömt zuerst in das rund 15° C kalte Atrium und gelangt dann über den Hohlraumboden in die Büroräume, ohne zusätzlich vorgewärmt zu werden.

Die Nachtlüftung im Sommer erzielt in der Simulation ebenfalls nicht die gewünschten Ergebnisse, denn es kommt aufgrund der Luftführung – indirekt über das Atrium – nicht zu einer effektiven Entladung der massiven Bauteile in den Büroräumen.

Diese Art der Lüftung erfordert zudem eine Vielzahl dezentraler Zuluftventilatoren mit entsprechend hohem Wartungsaufwand, schalltechnischen Problemen und zusätzlichem Stromverbrauch. Außerdem ist die Integration mit einem sehr hohen Aufwand verbunden, da keine abgehängten Decken vorgesehen sind.

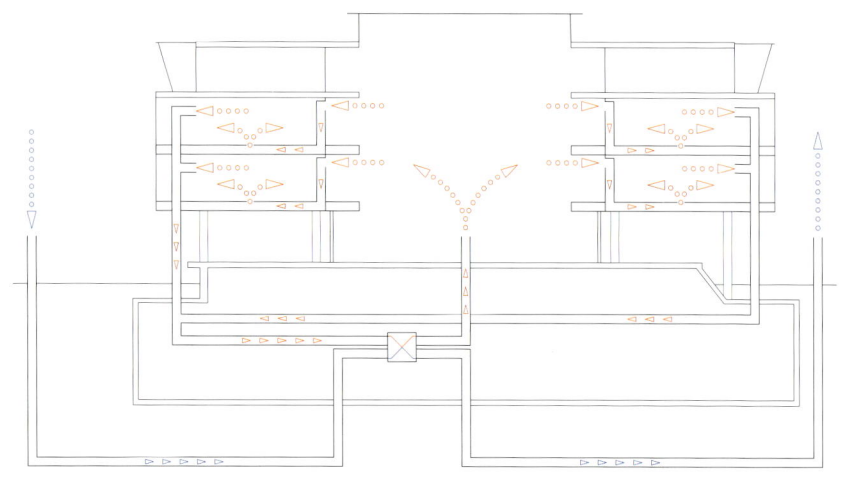

Lüftungsvariante Zuluftatrium, M 1:500

Realisierte Lüftungsvariante: Abluftatrium

Die mechanische Belüftung dient primär der Versorgung der Großraumbüros mit frischer Außenluft. Die Zuluft wird deshalb von der Lüftungszentrale aus über ein Kanalsystem direkt in das 1. und 2. Obergeschoss transportiert und pro Stockwerk an vier Stellen nahe der Steigschächte in den als Luftkanal genutzten Hohlraumboden eingeblasen. Die Zuluft strömt über Quellluftauslässe impulsarm in die Räume. Aufgrund der hohen Lüftungseffektivität der gewählten Variante kann die Luftwechselrate auf 1 bis 1,5 pro Stunde reduziert werden. Die Abluft entweicht über speziell entwickelte, schallgedämmte Überströmöffnungen in der Decke in das Atrium. Zwei Abluftkanäle sind im Atrium kaum sichtbar neben dem freistehenden Personenaufzug angeordnet.

Der technische Installationsaufwand für die Lüftung wird auf ein Minimum reduziert. In den Büroräumen gibt es weder Zu- noch Abluftkanäle, es sind keine dezentralen Zuluftventilatoren erforderlich und der Regel- und Steueraufwand ist gering.

Der Energieaufwand der realisierten Variante ist im Vergleich zum Zuluftatrium geringer: Erstens kann die Abluftanlage bei Außentemperaturen von über 16°C abgeschaltet werden, was zu einer Reduzierung des Stromverbrauchs führt. Zweitens entfallen die dezentralen Zuluftventilatoren, die einen nicht zu vernachlässigenden Energieeinsatz zur Folge haben.

Winterbetrieb der Lüftung

Die Abluft aus den Büroräumen strömt in das Atrium, wird über die zentral angeordneten Abluftkanäle im Dach des Atriums abgesaugt und zur Lüftungsanlage im Untergeschoss zurückgeführt. Die in der Abluft enthaltene Wärmeenergie sowie die Wärmegewinne, die bei Sonneneinstrahlung auf die großflächige Dachverglasung des Atriums entstehen, werden über eine Wärmerückgewinnungsanlage zu etwa 85% der einströmenden, kühlen Außenluft zugeführt. Die Feuchterückgewinnung aus der Abluft kann auch im Winter bei niedrigen Außentemperaturen eine im Vergleich zu Büroräumen ohne mechanische Lüftung hohe relative Luftfeuchte gewährleisten.

Abluftkanal

Abluftkanäle am Personenaufzug

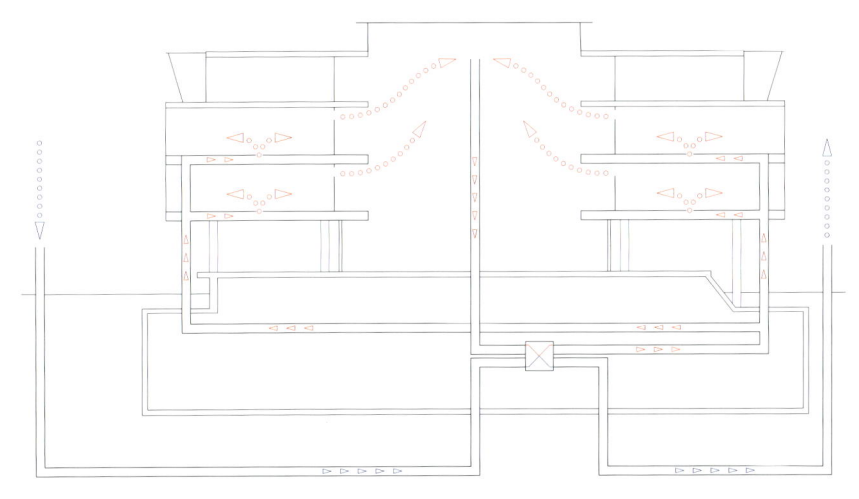

Lüftungsvariante Abluftatrium, Winter, M 1:500

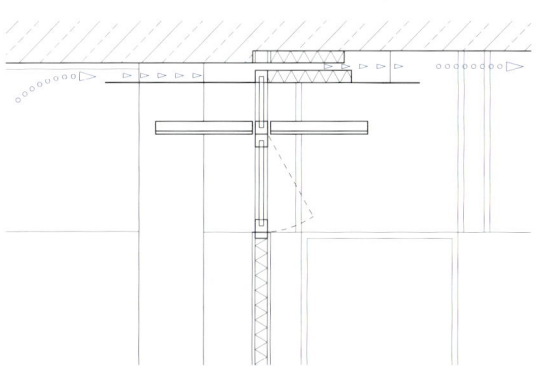

Detail-Schnitt, Überströmöffnung zwischen Büro und Atrium mit Schalldämmelementen, Tagbetrieb, M 1:50

Überströmöffnung Büro (Nachtlüftung)

Überströmöffnung Atrium (Nachtlüftung)

Oberlichter Atrium

Sommerbetrieb der Lüftung

Bei Außentemperaturen über 16°C wird die mechanische Abluftanlage abgeschaltet und automatisch öffnen sich Oberlichter im Atriumdach. Die Zuluft wird wie im Winter mit der gleichen Luftwechselrate über den Hohlraumboden in die Räume eingeblasen und gelangt durch die Überströmöffnungen in der Decke wieder ins Atrium. Aus dem Atrium entweicht die Fortluft über die geöffneten Oberlichter direkt ins Freie. Durch diese Maßnahme wird der Strombedarf der mechanischen Lüftungsanlage deutlich reduziert.

Bei Regen oder starkem Wind werden die Öffnungen automatisch geschlossen und die Abluft wie im Winterbetrieb über die zentrale Lüftungsanlage aus dem Atrium abgeführt.

Sommerliches Verhalten

Der Neubau des Landesamtes ist mit einer sehr gut wärmegedämmten Außenhülle ausgestattet, um die Wärmeverluste im Winter zu reduzieren. Gleichzeitig bringt der Arbeitsalltag in dem Bürogebäude hohe interne Wärmelasten durch EDV, Beleuchtung und sonstige technische Einrichtungen mit sich. Dementsprechend gering ist der Heizwärmebedarf. Die Gefahr der Überhitzung im Sommer ist jedoch sehr groß.

Das sommerliche Kühlprinzip nutzt die vorhandenen thermischen Speichermassen des Gebäudes wie freiliegende, nicht abgehängte Betondecken, den Estrich und den Betonfußboden unter dem luftführenden Hohlraumboden.

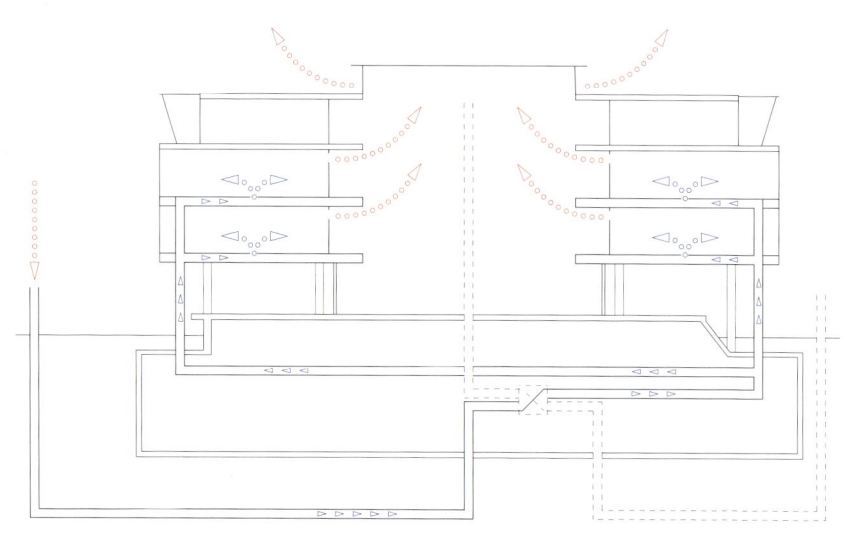

Lüftungsvariante Abluftatrium, Sommer-Tag, M 1:500

Betragen die Temperaturen in den Büroräumen nachts über 22°C werden Lüftungsflügel in der Fassade sowie in den zum Atrium orientierten Innenwänden geöffnet. Die Räume werden quergelüftet und mit kühler Nachtluft durchströmt. Die erwärmte Fortluft strömt aus dem Atrium ins Freie. Gleichzeitig wird der Hohlraumboden mechanisch mit kalter Außenluft durchspült, wodurch sich die Betondecke unterhalb des Hohlraumbodens thermisch entlädt.

Zusätzliche Maßnahmen zur Verbesserung der sommerlichen Verhältnisse sind:

- Kühlen der angesaugten Außenluft über einen Erdkanal
- Automatisch gesteuerter Sonnenschutz
- Reduzierung der künstlichen Beleuchtung durch Tageslichtlenkung.

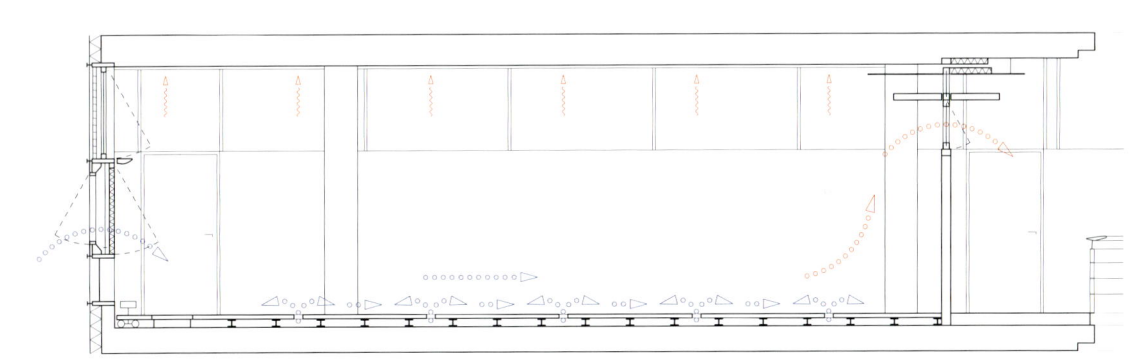

Schnitt Büroraum, Luftführung bei Nachtlüftung im Sommer mit zwei sich überlagernden Systemen:
1. Natürliche Querlüftung durch thermischen Auftrieb mit LW ~ 3h^{-1},
2. Mechanische Lüftung über Erdkanal und Hohlraumboden,
M1:100

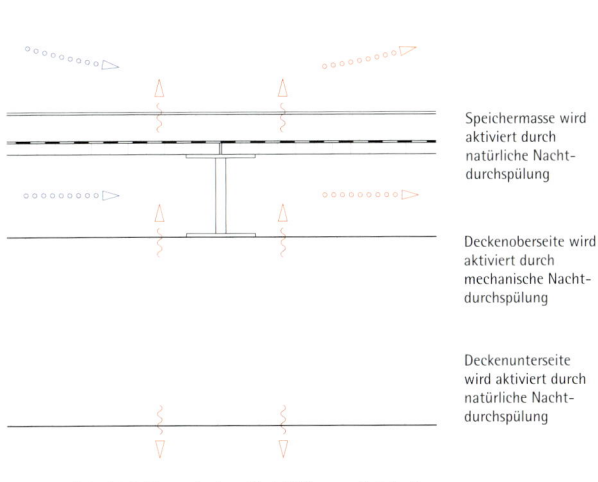

Speichermasse wird aktiviert durch natürliche Nachtdurchspülung

Deckenoberseite wird aktiviert durch mechanische Nachtdurchspülung

Deckenunterseite wird aktiviert durch natürliche Nachtdurchspülung

Schnitt Hohlraumboden, Nachtlüftung mit Entladung der Gebäudemassen, M 1:10

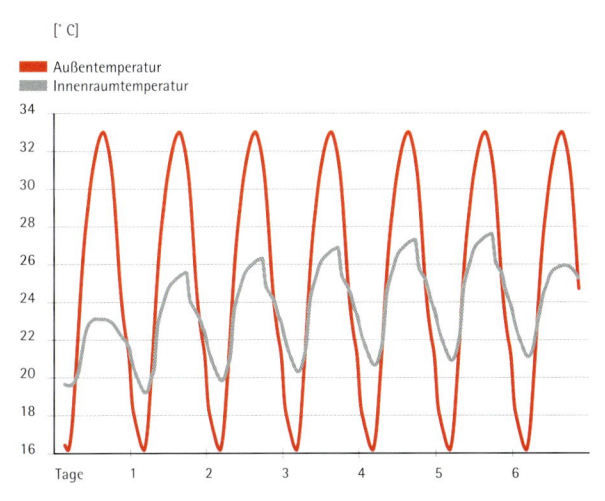

Temperaturverlauf in einem Südostbüro bei Außentemperaturen nach VDI 2078

Erdkanal

Entlang der Tiefgaragenwand zwischen 2. und 3. Untergeschoss des Gebäudes ist ein Erdkanal integriert. Er ist in drei übereinanderliegende Ebenen gestaffelt. Diese sind durch Zwischendecken voneinander getrennt. Zu Revisionszwecken und zur Reinigung ist der Erdkanal auf voller Länge begehbar.

Daten des Erdkanals:

- Volumenstrom (TAG)   13 500 m³/h
- Länge   90 m
- Breite   ca. 1,40 m
- Höhe   ca. 2,00 m.

Die Temperatur in dem an den Erdkanal angrenzenden Erdreich schwankt in 3 bis 8 m Tiefe im Jahresverlauf zwischen 7° und 13°C.

Im Winter, bei Außentemperaturen unter 8°C wird die Außenluft im Erdkanal erwärmt. Dabei können ca. 5,8 MWh Heizenergie pro Jahr zur Luftvorwärmung eingespart werden.

Im Sommer, bei Außentemperaturen von über 20°C, kann die Temperatur der durch den Erdkanal strömenden Luft um ca. 5° bis 8°C gesenkt werden. Insgesamt ergibt sich eine Kälteenergieeinsparung von rund 12,7 MWh pro Jahr.

Während der Übergangszeit, bei Außentemperaturen zwischen 8° und 20°C, würde die Zuluft im Erdkanal unerwünscht abgekühlt und müßte wieder energieaufwendig nachgewärmt werden. In diesem Fall gelangt die Außenluft direkt zum zentralen Lüftungsgerät, der Erdkanal wird nicht genutzt.

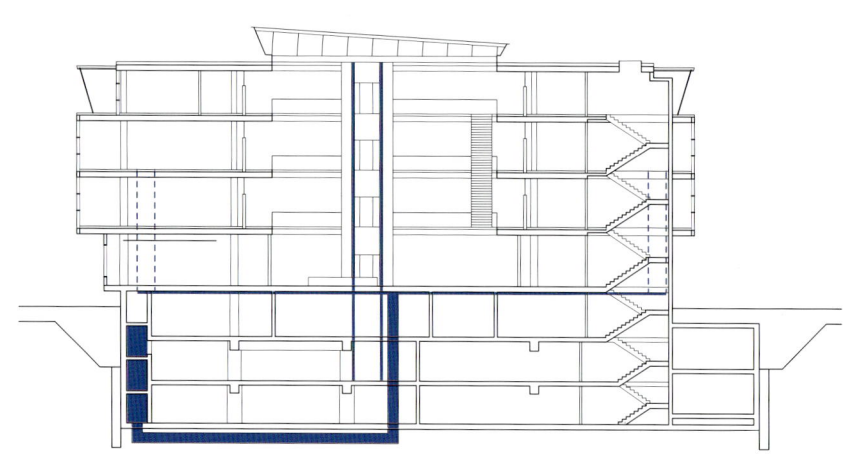

Erdkanal 2. UG

Erdkanal 3. UG

Lage des dreigeschossigen Erdkanals, M 1:500

[MWh]
- Kühlenergie (gesamt 12,7 MWh)
- Heizenergie (gesamt 5,8 MWh)

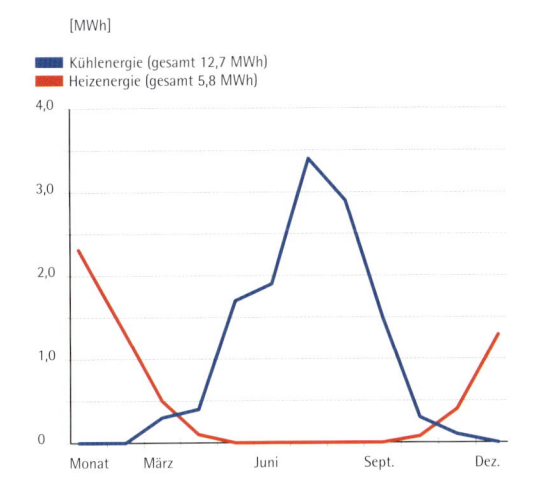

Einsparung von Wärme- und Kälteenergie durch den Erdkanal

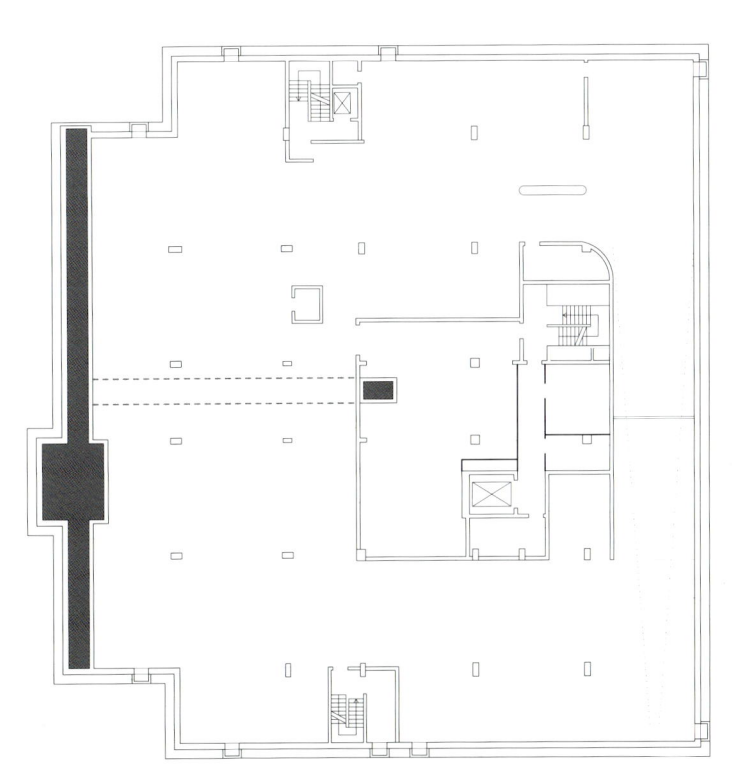

Luftansaugung Erdkanal

Lüftungskanäle 3. UG, M 1:500

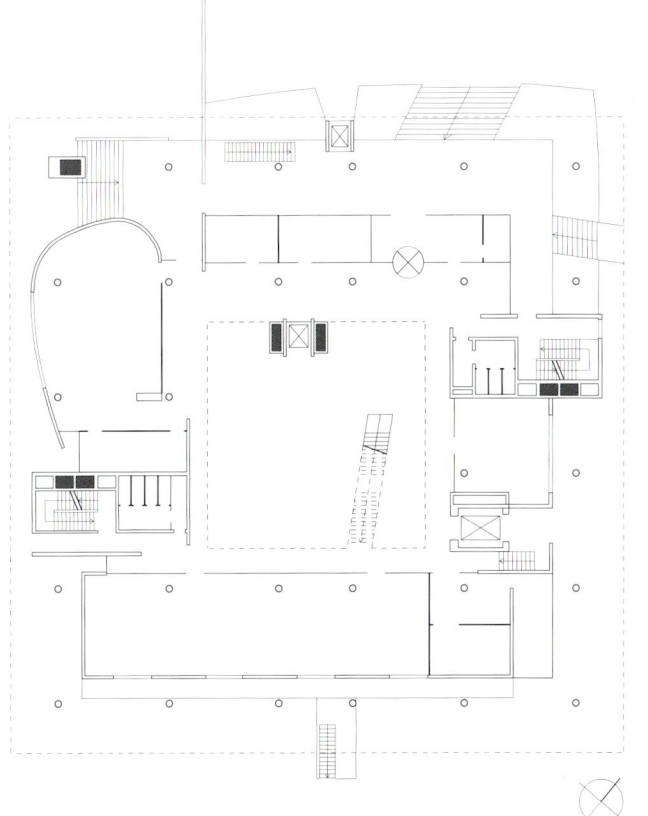

Lüftungskanäle EG, M 1:500

Landesamt für Statistik und Datenverarbeitung, Schweinfurt

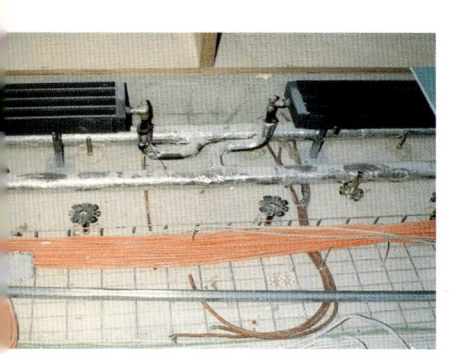

Technisches Installationskonzept

Die technische Erschließung des Gebäudes erfolgt über vertikale Installationsschächte entlang der Treppenhauskerne sowie der WC-Gruppen. Von den vertikalen Schächten aus werden die einzelnen Geschosse über den Fußboden erschlossen.

Im 1. und 2. Obergeschoss ist der Boden als 16 cm hoher Hohlraumboden ausgeführt. Getrennt von der luftführenden Zone verlaufen die Heizungsleitungen sowie die Elektrotrasse an den Außenwänden entlang. Die Elektro-Haupttrasse ist jederzeit über abnehmbare Doppelbodenelemente zugänglich. Im 3. Obergeschoss sind die Elektroinstallationen in estrichüberdeckten Bodenkanälen untergebracht, die Heizleitungen verlaufen innerhalb des Bodenaufbaus.

Um den Strombedarf der Ventilatoren gering zu halten, beträgt die Luftgeschwindigkeit in den Kanälen maximal 3 m/s.

Technikzentralen

Die haustechnischen Zentralen wie Lüftungs-, Heizungs-, Sprinkler- und Elektroanlagen sind in den Untergeschossen angeordnet. Die Zentralen sind im Vergleich zu anderen Bürogebäuden relativ groß dimensioniert, damit dort nicht nur die technisch optimalen Geräte Platz finden, sondern um auch eine einfache Wartung der Anlagen gewährleisten zu können.

Energieversorgung

Die Wärmeversorgung des Gebäudes erfolgt über Fernwärme. Der Strombedarf wird von einer eigenen Trafostation gedeckt.

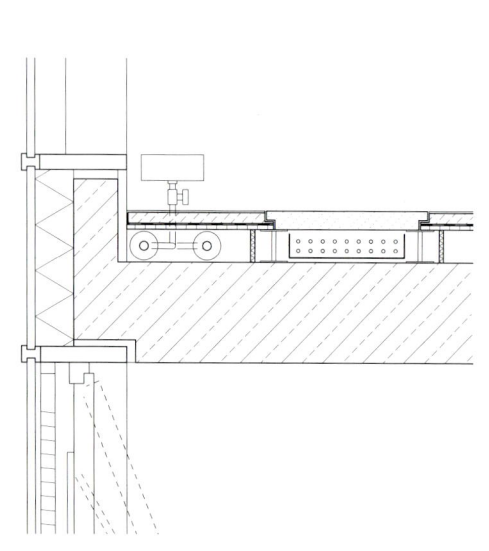

Hohlraumboden mit Elektro- und Heizungstrasse (Rohbau)

Detail-Schnitt, Horizontale Verteilung der Heizungs- und Elektroinstallationen im Hohlraumboden, M 1:25

■ Vertikale Installationsschächte für RLT, HZG, SAN, ELT
■ Zentraler Abluftkanal im Atrium
■ ELT-Trasse im Hohlraumboden

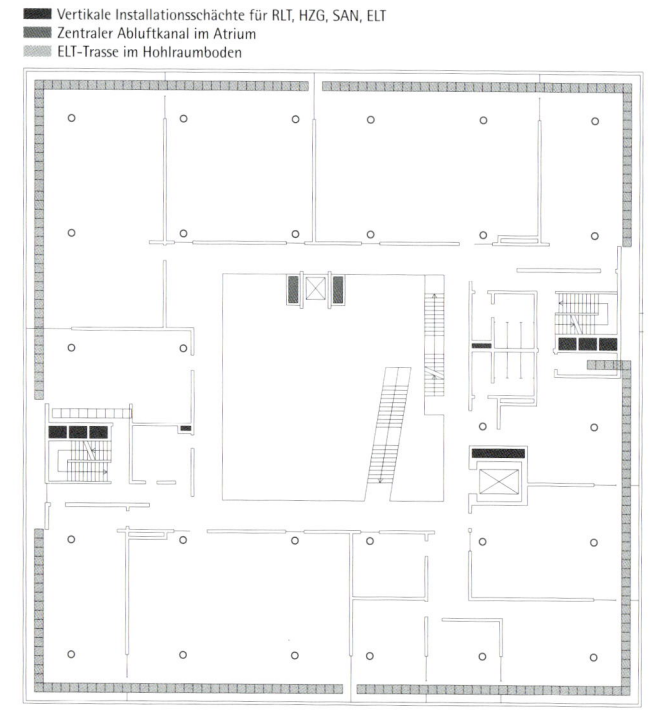

Anordnung der Installationsschächte und ELT-Trasse 1. OG, M 1:500

Regel- und Steuerungstechnik

Ziel der Regel- und Steuerstrategie ist der weitgehend automatische Betrieb der technischen Systeme. Zusätzlich sind einige Anlagen (Sonnenschutz, Heizung, Beleuchtung) mit einer individuellen Übersteuermöglichkeit ausgestattet, damit die Nutzer die Behaglichkeitsbedingungen an ihrem Arbeitsplatz den eigenen Bedürfnissen anpassen können. So soll verhindert werden, dass sich die Mitarbeiter einer undurchschaubaren Technik ausgeliefert fühlen, die sie nicht beeinflussen können.

Die versorgungstechnischen Anlagen wie Heizung und Lüftung werden durch DDC Automationsstationen gesteuert und geregelt. Neben diesem System wird der Europäische Installationsbus (EIB) hauptsächlich für die elektrotechnischen Funktionen wie Beleuchtungs- und Sonnenschutzsteuerung sowie zur Steuerung der Lüftungselemente in der Fassade und im Atriumdach genutzt. Über einen Verbindungsbaustein (Gateway) werden die unterschiedlichen Regel- und Steuersysteme miteinander gekoppelt.

Heizung und Lüftung

Die Heizung wird in den Großraumbüros im 1. und 2. Obergeschoss in jedem Raum einzeln geregelt. Über eine Beleuchtungssteuerung werden Leuchtenreihen in den Büroräumen automatisch geschaltet. Die Belüftung der Besprechungsräume im Erdgeschoss erfolgt in Abhängigkeit der gemessenen Raumluftqualität nur bei Bedarf. Die Nutzer haben aber auch die Möglichkeit, die Lüftung per Hand zuzuschalten.

Fassade und Sonnenschutz

Der Sonnenschutz wird je nach Jahreszeit sowie in Abhängigkeit der Einstrahlungsintensität, die von Pyranometern auf dem Dach gemessen wird, automatisch gesteuert. Auch hier haben die Nutzer die Möglichkeit, per Hand nachzusteuern. Zur natürlichen Querlüftung werden je nach Außen- und Innentemperatur, Tages- und Jahreszeit die Lüftungsklappen in der Fassade und im Atriumdach angesteuert.

Messdatenaufzeichnung

Die wichtigsten Betriebsparameter und Energieverbrauchsdaten werden kontinuierlich aufgezeichnet. Dadurch können die Betriebs- und Regelparameter der technischen Anlagen im laufenden Betrieb optimiert werden. Die Aufzeichnung der Daten dient auch einer Validierung der eingesetzten Simulationsmodelle und Parameter.

Lüftungsgerät

Lüftungszentrale

Bedienelement an der Eingangstür zu den Büros

Kunstlicht

Um die Kunstlichtanforderungen von 300 lx im fensternahen Bereich sowie 500 lx im Rauminneren zu erfüllen, wurde eine weitestgehend indirekte Beleuchtung gewählt, die ein weiches Licht bildet und Blendung ausschließt. Großflächige Deckenabhängungen mussten dabei vermieden werden, um die Rohdecken als Speichermassen freizuhalten.

Die Reihen unterschiedlicher Typen von Langfeldleuchten, montiert direkt an der Fassade, abgependelt von der Rohdecke oder auf den Schränken aufgelegt, strahlen an die Decke. Als Reflektoren über den Arbeitsplätzen dienen Rippenstreckmetallpaneele und Breitbandreflektoren, die zu justierbaren Elementfeldern zusammengesetzt sind.

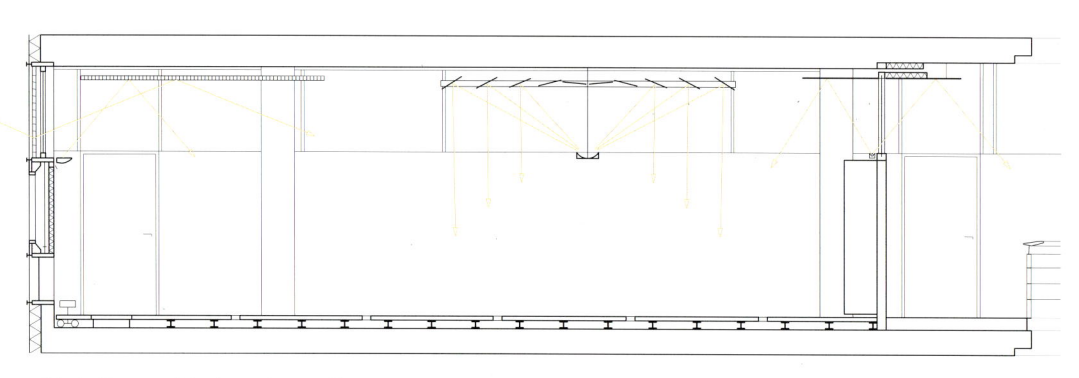

Langfeldleuchten; Rippenstreckmetallpaneele

Schnitt Büroraum, Beleuchtungskonzept, M 1:100

Akustik

Da die Betondecken als Speicherflächen nicht abgedeckt werden dürfen und daher nicht als Absorberfläche zur Verfügung stehen, mussten für die raumakustischen Anforderungen besondere Lösungen gefunden werden. So wurden auf den Rippenstreckmetallpaneelen Reihen von Akustikbuffeln aufgestellt und von der Decke abgehängt. Weitere Absorberflächen sind auf den Rückseiten der Reflektordecken angebracht oder werden durch gelochte Türen im Sandwichaufbau der Büroschränke garantiert.

Brandschutz

Das geplante Energiekonzept kollidierte in verschiedenen Punkten mit den Vorschriften des Brandschutzes, so dass in enger Abstimmung mit den Behörden ein individuelles Konzept entwickelt wurde. Da das 4-stöckig Atrium nur bedingt als Fluchtweg anerkannt werden konnte, wurde ein interner Fluchtweg durch die Räume entlang der Fassade gefordert. Dieser sollte entweder direkt in die Fluchttreppenhäuser oder auf einen Fluchtbalkon hinter der Fassade führen und mit einer Leiter erreichbar sein. Im Hohlraumboden und hinter den Überströmöffnungen der Trennwände sind Brand- und Rauchmelder angebracht, die im Notfall die Lüftungsanlage abschalten.

Rippenstreckmetallpaneele und Breitbandreflektoren über den Arbeitsplätzen

Wohn- und Geschäftshaus Friedl, Landshut

Bauherr
Friedl Wohnbau
Landshut

Architekten
Bauderer, Feigel, Huber
Landshut
S. Feigel

Gebäudetechnik
Ingenieurbüro Hausladen
Kirchheim b. München
Prof. G. Hausladen
J. Bauer

Im Nordosten Landshuts an der Alten Regensburger Straße wurde im Dezember 1998 ein Atriumgebäude fertiggestellt. Das in Niedrigenergiebauweise errichtete Wohn- und Bürohaus soll Arbeiten und Wohnen miteinander verbinden. Das Gebäude orientiert sich mit der Bürospange nach Norden zu einer stark befahrenen Straße und mit dem Wohntrakt nach Süden mit Blick ins Grüne.

Gebäudekonzept

Ein innenliegendes Atrium verbindet die beiden parallel angeordneten Gebäudeteile „Wohnen" im Süden und „Arbeiten" im Norden. Es dient als Erschließungszone für den gesamten Gebäudekomplex und als kommunikativer Treffpunkt für die Bewohner des Gebäudes. Galerien und Stege führen von einem Gebäuderiegel zum anderen. Die vertikale Erschließung leistet ein verglaster Aufzug. Darüber hinaus dient das Atrium dazu, Licht und Luft in die angrenzenden Wohn- und Büroräume zu bringen. Die Heizzentrale ist in das Atrium integriert und reicht über drei Ebenen vom 1. bis zum 3. Obergeschoss. Die bewusste Transparenz soll die Heizungsanlage als wichtiges Element eines Niedrigenergiegebäudes sichtbar machen und aufwerten.

Das Gebäude ist Nord-Süd orientiert. Im Bürotrakt ermöglicht die geringe Gebäudetiefe von 6,2 m eine optimale Tageslichtausleuchtung über großflächige Fenster an der Nordfassade und über Oberlichter im Atrium. Auf Sonnenschutz konnte verzichtet werden. Ein innenliegender Blendschutz sorgt für bildschirmgerechte Arbeitsplätze.

Der auf der Südseite befindliche Wohntrakt wurde ebenfalls ohne Sonnenschutz gebaut. Im Sommer ist der solare Eintrag gering, weil die Sonne sehr hoch steht und die vorgebauten Wintergärten die Wohnräume verschatten.

Im Winter und in den Übergangszeiten wirkt sich der flache Einfallswinkel der Sonne günstig auf die solaren Gewinne im Wohnbereich aus. In der Energiebilanz des Gebäudes schlagen auch die thermisch vom Gebäude getrennten, mit Schiebetüren ausgestatteten Wintergärten an der Südseite positiv zu Buche.

Die Hüllfläche des Gebäudes weist einen Wärmedämmstandard auf, der ca. 30% unter dem zulässigen Wert der Wärmeschutzverordnung '95 liegt. Dabei wurden verschiedene Varianten des Wärmeschutzes untersucht und im Hinblick auf Ökologie und Ökonomie bewertet.

Es wurden folgende Dämmwerte realisiert:

Bauteil	k-Wert [W/m²K]
Außenwand (mit Dämmung)	0,20
Fenster	1,10
Glasdach (Atrium)	1,40
Dach (Wohn- und Bürotrakt)	0,15

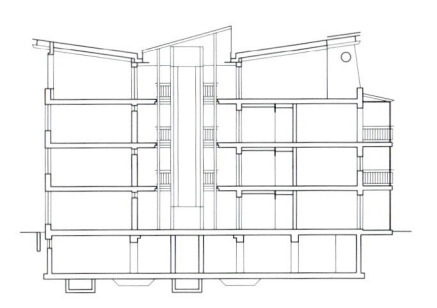

Schnitt, M 1:500

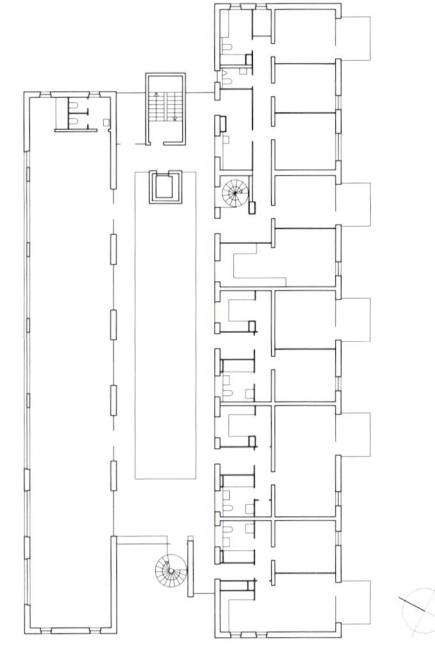

Grundriss 2. OG, M 1:500

Atrium

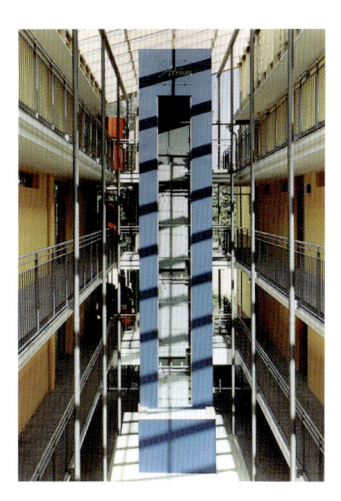

Atrium

Westansicht

Öffnungsklappen

Öffnungsklappen (innen)

Das Atrium

Das Atrium als gläserne Zone zwischen Wohn- und Büroräumen gewährleistet ein mediterranes Zwischenklima, das die Wärmeverluste der angrenzenden Gebäudeteile reduziert. Dynamische Berechnungen behandelten folgende Fragen:

- Temperaturverhältnisse im Winter
- Temperaturverhältnisse im Sommer
- Energetische Auswirkungen

Temperaturverhältnisse im Winter

Es wurde untersucht, welchen Einfluss die thermische Qualität der vertikalen und horizontalen Verglasung auf den Temperaturverlauf des nicht beheizten Atriums haben kann. Entscheidend waren nicht nur die Behaglichkeit in diesem Raum, sondern auch baukonstruktive Auswirkungen. Bei niedrigen Temperaturen bestehen wesentlich höhere Anforderungen an die Anschlussdetails sowie an die thermische Qualität der Wohnungstüren und der Trennwände zum Atrium.

Um im Atrium Temperaturen garantieren zu können, die den ganzen Winter lang über dem Gefrierpunkt liegen, ist eine Wärmeschutzverglasung mit einem k-Wert von 1,1 (W/m²K) notwendig. Eine Einfachverglasung reicht nicht aus.

Temperaturverhältnisse im Sommer

Die sommerliche Temperatur im Atrium ist im wesentlichen von folgenden Faktoren abhängig:

- Sonnenschutz (z-Wert)
- Durchlüftung des Atriums.

Um auch in den heißen Monaten behagliche Temperaturen gewährleisten zu können, wird das Atriumdach mit einem innenliegenden Sonnenschutz (z=0,4) beschattet.

Die natürliche Durchlüftung des Atriums geschieht durch thermischen Auftrieb und Windkräfte. Die Luft strömt unten ein und wird im Dach abgeführt. Zu diesem Zweck sind in der Fassade und im Dach Öffnungsklappen mit einem Querschnitt von jeweils 10 m² vorgesehen. Diese können auch als Rauchabzug verwendet werden. Raumtemperaturfühler im Atrium steuern die Klappen. Im Winter bleiben sie geschlossen.

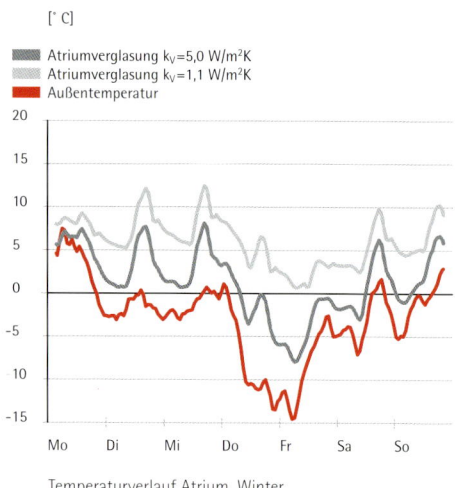

[°C]
■ Atriumverglasung k_V=5,0 W/m²K
■ Atriumverglasung k_V=1,1 W/m²K
■ Außentemperatur

Temperaturverlauf Atrium, Winter

Günstig wirkt sich auch der Erdkanal aus, der als Luftbrunnen in das Atrium mündet. Die einströmende kühle Außenluft bewirkt vor allem im Erdgeschoss eine weitere Reduzierung der Raumlufttemperatur im Sommer. Um ein möglichst gleichmäßiges Raumklima zu erreichen, wurden Baustoffe mit einer hohen Speicherfähigkeit verwendet. Am Tag wird die Wärme in den Bauteilen des Atriums eingespeichert und in der Nacht an die kühlere Luft wieder abgegeben.

Energetische Auswirkung des Atriums

Die wesentliche Frage war die nach den Auswirkungen des Atriums auf den Heizwärmebedarf des gesamten Gebäudes.

Folgende Fälle wurden miteinander verglichen:

Variante 1   Gebäude ohne Atrium

Variante 2   Gebäude mit Atrium, Einfachverglasung

Variante 3   Gebäude mit Atrium, Wärmeschutzverglasung.

Luftbrunnen

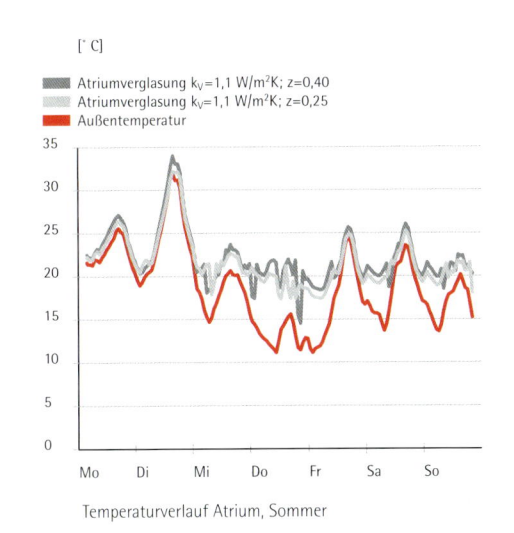

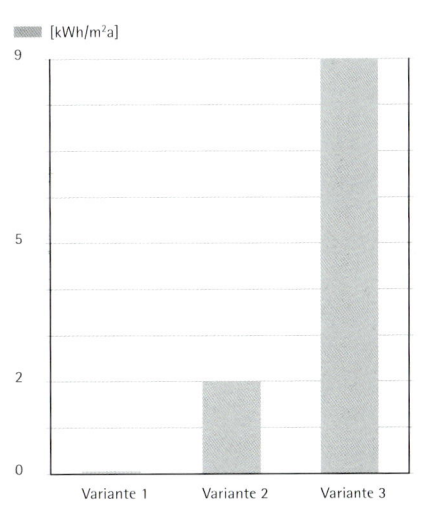

[°C]
- Atriumverglasung k_V=1,1 W/m²K; z=0,40
- Atriumverglasung k_V=1,1 W/m²K; z=0,25
- Außentemperatur

Temperaturverlauf Atrium, Sommer

[kWh/m²a]

Energieeinsparung durch das Atrium

Lüftungskonzept

Für die Einbindung des Atriums in das Heizungs- und Lüftungskonzept des Gebäudes sind eine Reihe von Möglichkeiten denkbar, die im wesentlichen unter energetischen, wirtschaftlichen und installationstechnischen Gesichtspunkten untersucht wurden.

Im einzelnen waren es folgende Systeme:

Variante 1 Dezentrale (wohnungsweise) mechanische Be- und Entlüftung mit Wärmerückgewinnung

Variante 2 Zentrale mechanische Be- und Entlüftung mit Wärmerückgewinnung

Variante 3 Dezentrale (wohnungsweise) mechanische Entlüftung

Variante 4 Zentrale mechanische Entlüftung mit nachgeschalteter Wärmepumpe zur Wärmerückgewinnung.

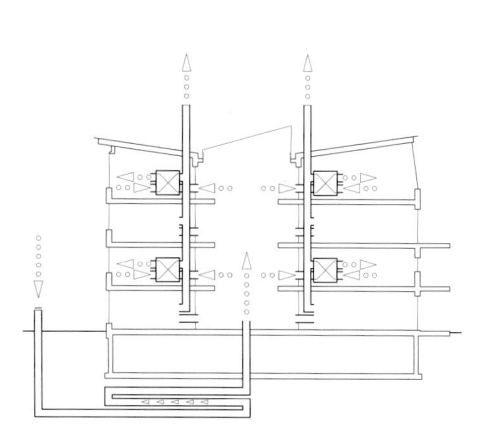

Variante 1: Dezentrale (wohnungsweise) mechanische Be- und Entlüftung mit Wärmerückgewinnung

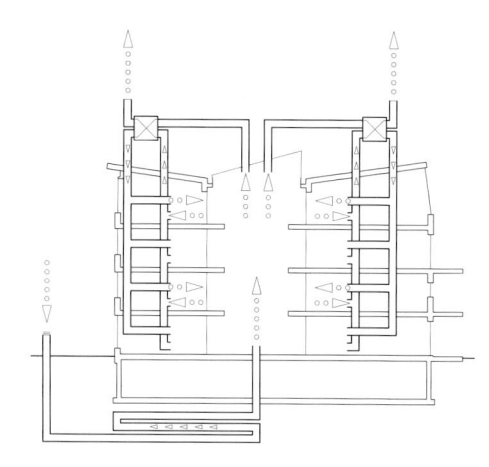

Variante 2: Zentrale mechanische Be- und Entlüftung mit Wärmerückgewinnung

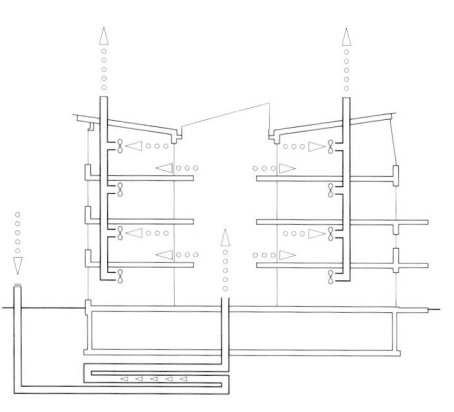

Variante 3: Dezentrale (wohnungsweise) mechanische Entlüftung

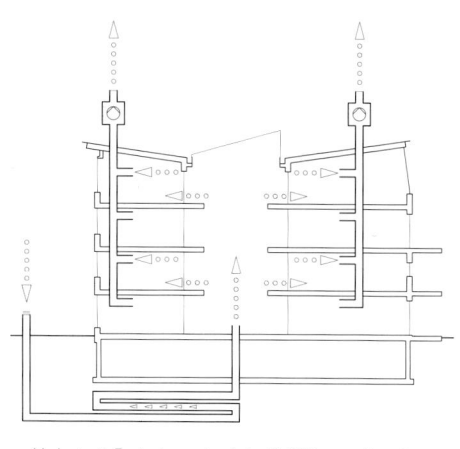

Variante 4: Zentrale mechanische Entlüftung mit nachgeschalteter Wärmepumpe zur Wärmerückgewinnung

Bei allen Varianten strömt die Außenluft über einen Erdkanal in das Atrium. Die vorgewärmte Luft des Atriums wird entweder direkt über das mechanische Zuluftsystem den Wohnungen zugeführt (Variante 1 und 2), oder sie gelangt indirekt über Nachströmöffnungen vom Atrium in die Wohnungen (Variante 3 und 4).

Der Bauherr hat sich letzten Endes für Variante 1 entschieden, weil sie zu einem geringeren Energiebedarf führt sowie individuell von den Nutzern beeinflusst und auf den jeweiligen Lüftungsbedarf eingestellt werden kann.

Eine wichtige Voraussetzung für den Einbau von Variante 1 war eine einfache Installation der Lüftungsgeräte und der Luftleitungen. Die Geräte sind im Eingangsbereich der Wohnungen aufgestellt. Die Luftleitungen werden zusammen mit den Heizleitungen im Flur geführt. Die Wohnungsgrundrisse ermöglichen sehr kurze Leitungswege – eine wichtige Voraussetzung für den energiesparenden Einsatz von lüftungstechnischen Anlagen im Wohnungsbau.

Heizungskonzept

Bei diesem Gebäude steht die Reduzierung des Heizenergiebedarfs durch eine energiesparende Bauweise im Vordergrund. Die benötigte Restwärmemenge erzeugt ein Gas-Brennwertkessel mit einer Gesamtleistung von 60 kW. Diese Heizkesselgröße wurde in den sechziger Jahren übrigens in Einfamilienhäuser eingebaut.

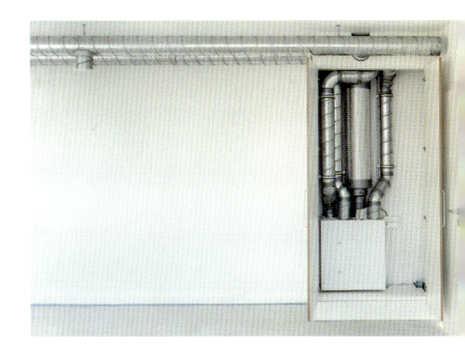

Lüftungsgerät

Wohnungseingang mit Nachströmöffnung

Nachströmöffnung

Fassade ohne Heizkörper

Heiztür

Zur Deckung des Warmwasserenergiebedarfs wurde eine thermische Solaranlage installiert. Ein Puffer-Seicher mit einem Wasservolumen von 1500 Litern wird von 40 m² Flachkollektoren mit Wärme beladen und deckt ca. 45% des Warmwasserenergiebedarfs der Wohneinheiten. Die Kollektoren wurden auf dem geneigten Dach der Bürospange nach Süden ausgerichtet. Sie befinden sich direkt über dem Warmwasserspeicher. Die Rohrleitungsverluste sind wegen der kurzen Leitungswege sehr gering.

Integration der Gebäudetechnik

Bei Niedrigenergiegebäuden spielen Verteilungsverluste in den Rohrleitungen im Verhältnis zum gesamten Heizwärmebedarf eine besonders große Rolle. Deshalb wurden in diesem Gebäude kompakte Installationswege gewählt, was geringe Verteilungsverluste zur Folge hat. Die Verteilungen liegen unterhalb des Laufstegs (1. Obergeschoss) im Atrium und docken an die vertikalen Steigschächte in den Büro- und Wohneinheiten an.

Auch die zentrale Lage des Heizkessels im Atrium wirkt sich positiv auf die Energiebilanz des Gebäudes aus. Zum einen ergeben sich kürzere Verteilleitungen, zum anderen kommt im Winter die Abwärme des Kessels dem Klima im Atrium zugute.

Bezüglich der Anordnung der Heizkörper haben wir uns die Frage gestellt, ob es möglich ist, diese oberhalb der Zimmertüren anzuordnen, um die Heizleitungen zusammen mit den Lüftungsleitungen unterhalb der Flurdecke verlegen zu können.

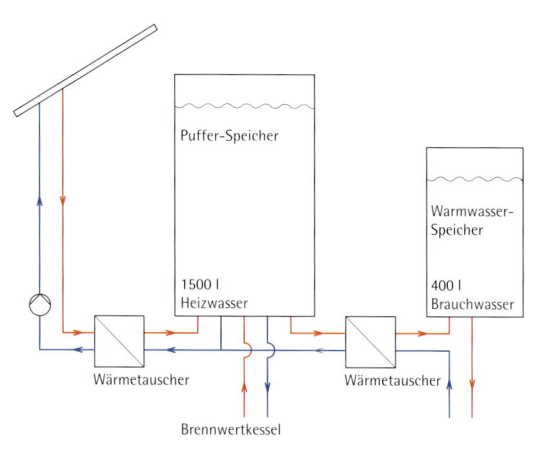

Regelschema

Damit ist es möglich, den Räumen Luft und Wärme auf kurzem Wege zuzuführen. Normalerweise werden Heizkörper im Brüstungsbereich der Fenster angeordnet, um Kaltluftabfall am Fenster aufzufangen und einen gewissen Strahlenausgleich zum kalten Fenster herzustellen.

Mit Hilfe von Raumströmungsuntersuchungen haben wir festgestellt, dass die Heizkörper auch ohne nennenswerte Behaglichkeitseinbußen an den Innenwänden angeordnet werden können, wenn folgende Voraussetzungen erfüllt sind:

- Die Außenbauteile (geschlossene Wand und Fenster) müssen sehr gute Wärmedämmeigenschaften haben
- Die Außenluft darf nicht kalt im Bereich der Außenwand einströmen.

Beide Bedingungen sind im vorliegenden Fall erfüllt. Die Außenwand ist hoch wärmegedämmt (k = 0,2 W/m²K) und die Fenster haben eine hochwertige Wärmeschutzverglasung (k = 1,1 W/m²K). Die Zuluft wird, vorgewärmt durch die Wärmerückgewinnung und den Heizkörper, mit Raumlufttemperatur in den Raum eingeblasen. Der Heizkörper muss nur noch die Transmissionswärmeverluste des Raumes decken.

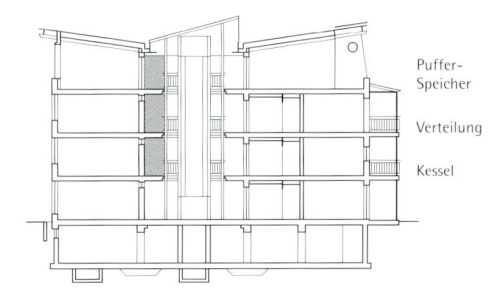

Technikzentrale, M 1:500

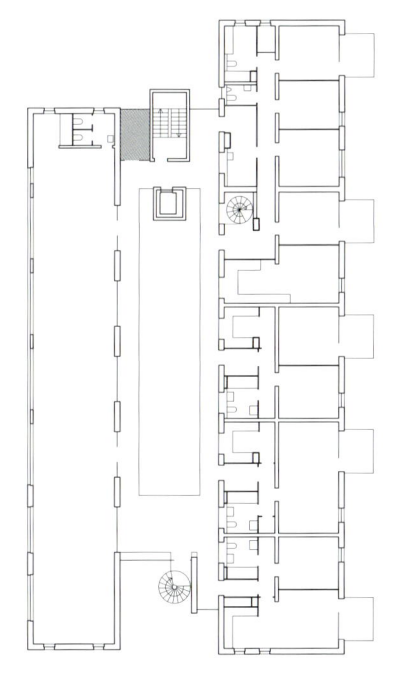

Technikzentrale, M 1:500

3. OG Solaranlage und Puffer-Speicher

2. OG Verteilung

1. OG Heizkessel und Ausdehnungsgefäß

Heizkörper im Brüstungs-
bereich des Fensters, Zuluft
(kalt) im Fensterbereich

Heizkörper oberhalb der
Innentür, Zuluft (warm)
oberhalb der Innentür

Heizkörper oberhalb der
Innentür, Zuluft (kalt)
im Fensterbereich

Raumluftströmung

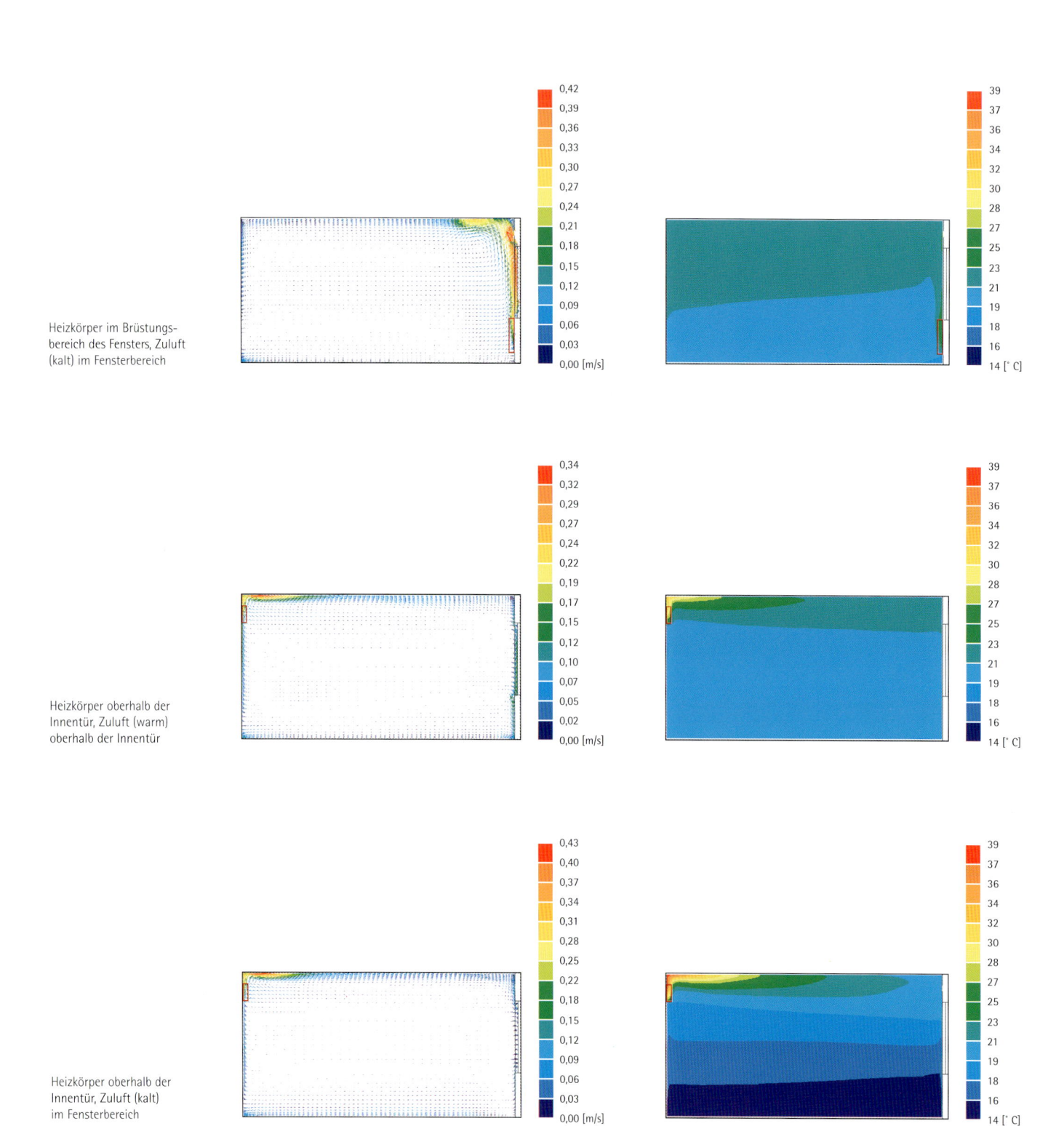

Temperaturschichtung im Raum

74 Wohn- und Geschäftshaus Friedl, Landshut

Die Strömungs- und Temperaturbilder verdeutlichen dies. Bei Anordnung des Heizkörpers im Brüstungsbereich des Fensters und Luftzufuhr im Fensterbereich treten keine Behaglichkeitseinschränkungen im Raum auf. Die Kaltluft wird vom Heizkörper aufgefangen.

Wird der Heizkörper über der Innentür angeordnet und erfolgt die Luftzufuhr im Bereich der Fassade, stellen sich sehr unbehagliche Temperaturverhältnisse im Raum ein. Die Lufttemperatur auf Fußbodenhöhe beträgt nur ca. 14°C. Unterhalb der Decke steigen die Temperaturen auf über 25°C an. Erst wenn die Zuluft dem Raum erwärmt zugeführt wird, ergeben sich ausgeglichene behagliche Verhältnisse.

Allen untersuchten Beispielen liegt ein 0,8-facher Luftwechsel zugrunde.

Heizenergiebedarf

Das Gebäude zeichnet sich durch eine Vielzahl von Maßnahmen zur Reduzierung des Heizenergiebedarfs aus:

- kompakte Bauform
- sehr gute Wärmedämmung
- Einbeziehung solarer Gewinne durch das Atrium
- Ausnutzung der Erdwärme durch den Erdkanal
- Reduzierung der Lüftungsverluste durch eine Be- und Entlüftungsanlage mit Wärmerückgewinnung
- Reduzierung des Warmwasserenergiebedarfs durch eine thermische Solaranlage
- Integration der Heizungsanlage und des Verteilsystems ins Atrium
- Reduzierung der Verteilverluste durch ein kompaktes Leitungssystem
- Verbrennungsluftvorwärmung über das Atrium
- Gas-Brennwert-Heizkessel.

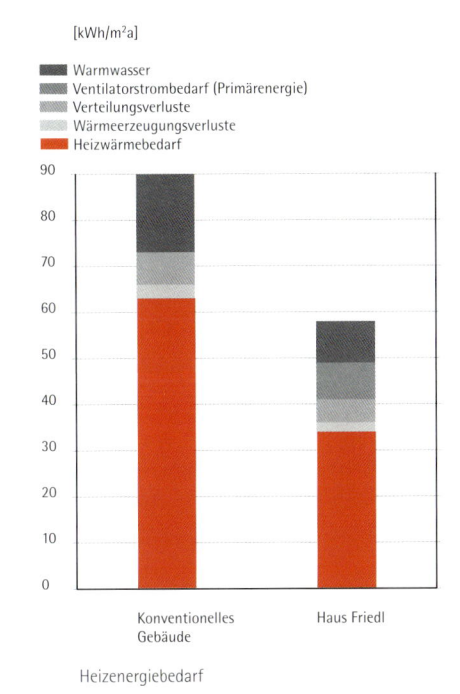

[kWh/m²a]

■ Warmwasser
■ Ventilatorstrombedarf (Primärenergie)
■ Verteilungsverluste
■ Wärmeerzeugungsverluste
■ Heizwärmebedarf

Konventionelles Gebäude | Haus Friedl

Heizenergiebedarf

Kirche St. Augustinus, Trudering

Bauherr
Katholisches Pfarramt St. Augustinus
München

Maßnahmeträger
Erzbischöfliches Ordinariat
Baureferat München

Architekt
Löffler & Weber Architekten BDA
München

Gebäudetechnik
Bauphysik, Lichttechnik
Ingenieurbüro Hausladen
Kirchheim b. München
Prof. G. Hausladen
U. Steinborn
T. Ebert

Raumklimatische Berechnungen
Universität Kassel
Fachgebiet TGA
Prof. G. Hausladen
C. Meyer

Kirchen sind Ausdruck der Religion, der Geschichte und der Kultur in jeder Epoche. Daher stehen bei Gestaltung und Konstruktion formale Aspekte im Vordergrund. Die heutige Verantwortung gegenüber der Schöpfung zeichnet sich unter anderem durch einen optimierten Energieeinsatz aus.

Bestand

Die Kirche St. Augustinus in München-Trudering wurde in den 50er Jahren in der zeitgenössischen Bauweise und Formensprache gebaut. Der moderne Hallenbau hat außen eine Höhe von 15 m, ist 45 m lang und 22 m breit. Die 60 cm dicken Wände sind aus Vollziegelsteinen errichtet. Eine Holzbalkenkonstruktion trägt das Satteldach der Kirche. Ein leicht geneigtes Dach bildet den Abschluss des Turmes. Seitenfenster belichten Kirchenschiff und Altarraum bei Tag. Am Abend sorgen Pendelleuchten für Licht im Kirchenschiff. Ein Sandsteinrelief und Bildtafeln des Kreuzweges schmücken die weiß verputzten Wände.

Die Kirche war ursprünglich mit einer direkt befeuerten, zentralen Warmluftheizung ausgestattet. Die warme Luft entwich über Ausströmöffnungen, die vor der ersten Bankreihe angeordnet waren, in den Kirchenraum. Über Abluftöffnungen unter der Orgelempore und in der Decke des Presbyteriums wurde die Luft aus dem Raum wieder abgesaugt. Anfang der 80er Jahre wurde dieses System durch eine elektrische Bankheizung ersetzt. Die Beheizung der Kirche erfolgte nur gezielt zu den Gottesdiensten, das heißt, die Bankheizung wurde manuell kurz vor Nutzungsbeginn mit maximaler Leistung an- und gegen Ende des Gottesdienstes wieder abgeschaltet.

Die Raumschale der Kirche weist unregelmäßig starke Verschmutzungen auf, die auf das Heizsystem und mangelnde Wärmedämmung zurückzuführen sind. Bedingt durch den thermischen Auftrieb bewirkt die elektrische Bankheizung eine starke Luftströmung. Die aufsteigende, mit Staubpartikeln angereicherte Luft hat durch die Feuchteabgabe der Kirchenbesucher (ca. 50 g/h je Person) einen erhöhten Wassergehalt. Diese feuchte und warme Luft steigt in der Raummitte nach oben und fällt an den kalten Außenwänden wieder nach unten, wo es zeitweise zu Taupunktunterschreitung und Feuchteanreicherung an der Oberfläche kommt. Dies führt zu einer Adhäsion von Schmutzpartikeln und damit zu der beobachteten Verschmutzung der Wände.

Im Zuge der Kirchensanierung sollte ein Heizungssystem entwickelt werden, das einen geringen baulichen Eingriff in den Bestand erfordert, der Erhaltung des Bauwerks dient und zusätzlich zu einer Reduzierung der Schmutzablagerungen führt. Außerdem sollte die Beleuchtung beurteilt und ein verbessertes Beleuchtungskonzept entwickelt werden.

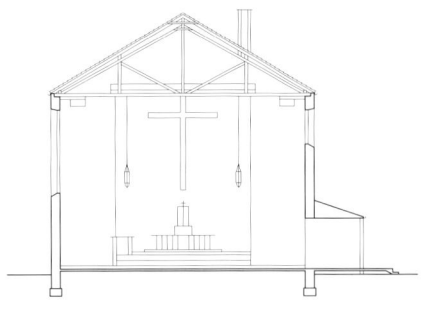

Querschnitt, M 1:500

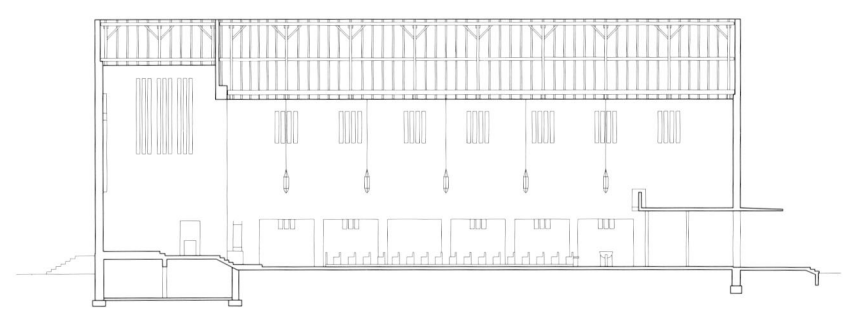

Längsschnitt, M 1:500

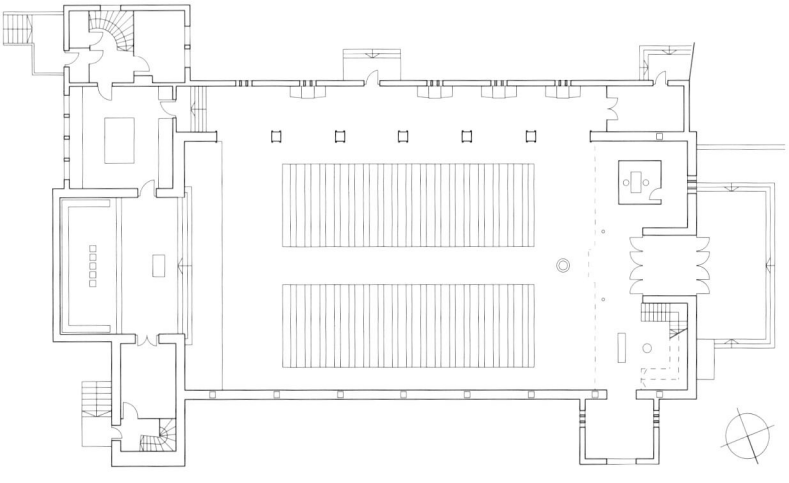

Grundriss, M 1:500

Anforderung an das Heizsystem

Die Beheizung eines Gebäudes stellt grundsätzlich einen Eingriff in den Feuchtehaushalt des Raumes und der Bausubstanz dar. Handelt es sich wie hier um eine Kirche, spielen die Belange des Denkmalschutzes und der Bauwerkserhaltung eine besondere Rolle. Im Hinblick darauf sind in erster Linie Maßnahmen wichtig, die die Schwankungen von Raumlufttemperatur und relativer Luftfeuchtigkeit im Jahreszyklus minimieren sowie die Tauwassergefährdung reduzieren. Die Technik ist auch wegen der sakralen Atmosphäre behutsam zu integrieren.

Das neue Heizsystem der Kirche soll außerdem folgende Kriterien erfüllen:

- geringere Verschmutzung der Raumschale
- Schonung des Inventars, insbesondere der Orgel
- möglichst geringe Eingriffe in die Bausubstanz
- Berücksichtigung der ökologischen und ökonomischen Belange
- mehr Behaglichkeit für die Kirchenbesucher.

Eine Grundheizung soll dafür sorgen, dass die Kirche auch bei Nichtnutzung im Winter auf 6° bis 8°C vorgewärmt ist, um die Schwankungen der Raumlufttemperatur zu verringern und kalte Außenwände zu vermeiden. Die Mehrkosten für den Betrieb der Grundheizung sind geringer als die sonst auftretenden Schäden an Außenwänden, Putz und Inventar. Vor Gottesdiensten wird die Kirche auf 10° bis 12°C erwärmt.

Die Grundheizung soll eine möglichst direkte Temperierung der Außenwände ermöglichen, um einer weiteren Verschmutzung der Raumschale durch Feuchtebelastung entgegenzuwirken. Außerdem erhöht eine temperierte Außenwand die Behaglichkeit im Kirchenraum: Da die Kirchenbesucher im ständigen Strahlungsaustausch mit den Wandoberflächen stehen, führt eine höhere Wandtemperatur zu einer Verbesserung der Strahlungsverhältnisse. Zusätzlich entsteht weniger Zugluft, weil sich der Kaltluftabfall an den Außenwänden verringert.

Orgel

Schäden in der Bausubstanz

Innenansicht zum Altar

Untersuchung verschiedener Heizsysteme

Für ein optimales Heizsystem in dieser Kirche wurden mehrere Heizvarianten untersucht und miteinander verglichen:

- dezentrale Warmluftstationen
- Warmluftwandheizung
- Sockelheizung
- Fußbodenheizung
- Deckenstrahlheizung.

Die vorhandene elektrische Bankheizung wurde in die Überlegungen für das neue Heizsystem einbezogen. Die Bewertung der einzelnen Heizsysteme ist auf die Gegebenheiten der Kirche St. Augustinus abgestimmt.

Dezentrale Warmluftstationen

Über das Kirchenschiff und den Altarraum verteilt werden punktuell Warmluftstationen angeordnet. Warmluftstationen sind wasserdurchströmte Wärmetauscher mit Ventilator. In der Regel sind sie zusätzlich mit einem Luftfilter ausgestattet. Die Wärme wird zentral erzeugt und über Heizungsvor- und Rücklaufleitungen zu den dezentralen Warmluftstationen gebracht.

Bei richtiger Plazierung der einzelnen Stationen sorgt eine Warmluftheizung für eine relativ gleichmäßige Raumlufttemperatur. Optisch treten die Warmluftstationen kaum in Erscheinung. Der bauliche Eingriff im Fußboden ist jedoch erheblich mit entsprechend hohen Baukosten verbunden.

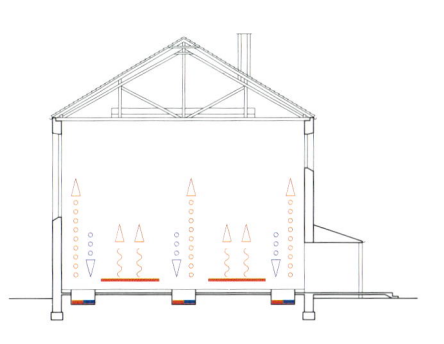

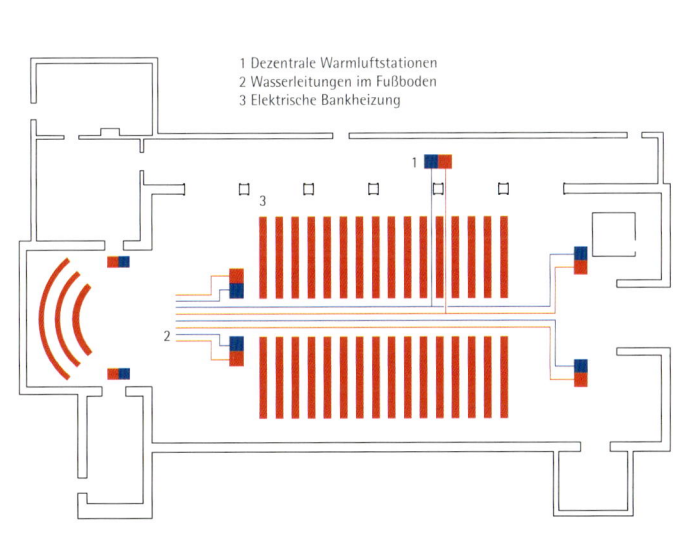

1 Dezentrale Warmluftstationen
2 Wasserleitungen im Fußboden
3 Elektrische Bankheizung

Dezentrale Warmluftstationen, M 1:500

Dezentrale Warmluftstationen, M 1:500

Warmluftwandheizung

Die Warmluftkanäle verlaufen im Fußboden entlang der Außenwände. Die Warmluft wird über Luftauslässe gleichmäßig nach oben geblasen. Die Außenwände werden dadurch erwärmt, was der Feuchtebelastung und Verschmutzung entgegenwirkt. Unter gestalterischen Gesichtspunkten ist die Wandheizung sehr gut in das Gesamtbild zu integrieren.

Die Warmluftwandheizung dient als Grundlastheizung für die Temperierung des gesamten Kirchenraumes. Zur Kirchennutzung wird die vorhandene Elektrobankheizung mit verminderter Leistung zugeschaltet. Der bauliche Eingriff beschränkt sich auf den Einbau der Luftkanäle im Fußboden entlang der Außenwände. Die Erwärmung und Aufbereitung der Zuluft erfolgt zentral.

Sockelheizung

Bei diesem Heizsystem gewährleisten Heizelemente in einer Sockelleiste entlang der Außenwände die Grundtemperierung der Kirche. Die zeitweilige Temperaturerhöhung zum Gottesdienst erfolgt über die vorhandene Elektrobankheizung. Die Wandflächen werden im unteren Bereich über den aufsteigenden Luftstrom erwärmt. Die Heizelemente sind Teil eines Warmwasserheizsystems. Der bauliche Aufwand ist minimal, da die Leisten entlang der Außenwände montiert werden können. Optisch beeinträchtigen sie jedoch das Gesamtbild der Kirche. Insgesamt gesehen ist diese Variante mit der vorangegangenen in Funktion und Auswirkung direkt vergleichbar. Der Vorteil dieser Lösung liegt in dem geringen baulichen Aufwand. Nachteilig ist die gestalterische Integration. Außerdem wird die Außenwand nicht über die gesamte Höhe erwärmt, sondern nur im unteren Bereich.

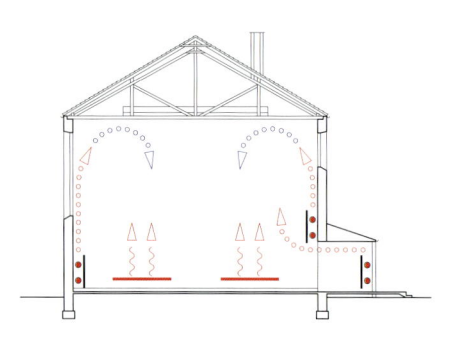

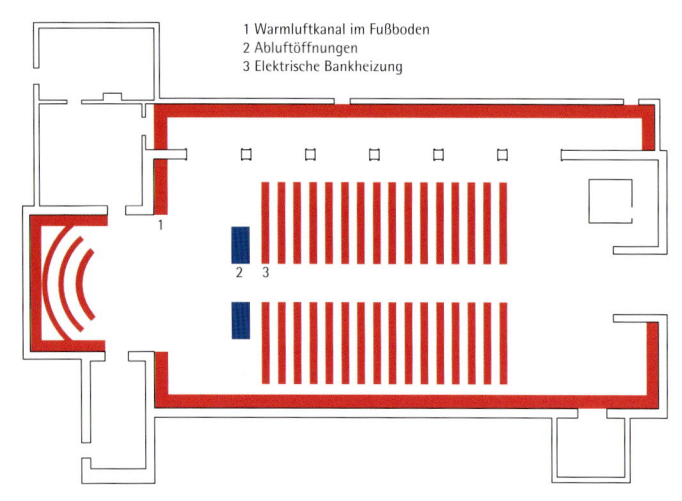

Warmluftwandheizung, M 1:500

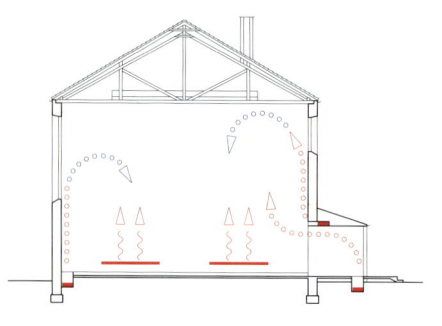

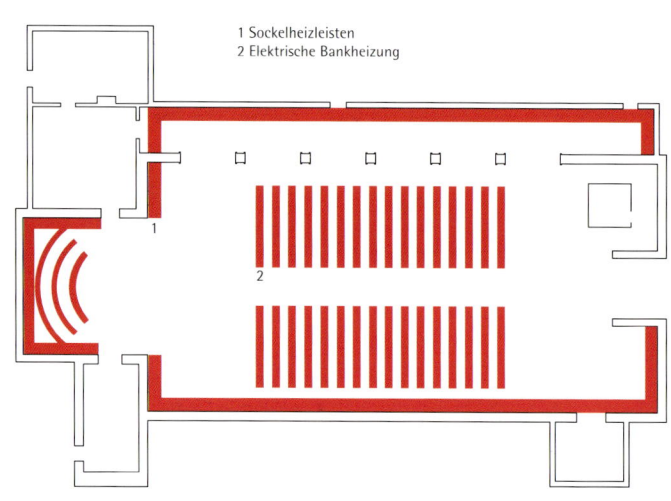

Sockelheizung, M 1:500

1 Warmluftkanal im Fußboden
2 Abluftöffnungen
3 Elektrische Bankheizung

1 Sockelheizleisten
2 Elektrische Bankheizung

Warmluftwandheizung, M 1:500

Sockelheizung, M 1:500

Fußbodenheizung

Die Beheizung des Kirchenraumes erfolgt bei dieser Variante durch eine Warmwasser-Fußbodenheizung, die optisch überhaupt nicht in Erscheinung tritt. Dieses Heizsystem ist gut geeignet, die vorgesehene ständige Grundbeheizung von 6° bis 8°C zu garantieren. Der bauliche Aufwand ist jedoch sehr groß. Der gesamte Fußboden muss zum Einbau der Fußbodenheizung ausgetauscht werden.

Deckenstrahlheizung – das gewählte System

Die Strahlungsbänder werden unter der Decke so angeordnet, dass sie die massiven Außenwände über Strahlungsaustausch direkt erwärmen. Ziel ist eine möglichst gleichmäßige Erwärmung der Umschließungsflächen. Als Heizmedium ist Warmwasser vorgesehen. Im Vergleich mit den anderen Varianten erfordert die Deckenstrahlheizung den geringsten Eingriff in die Bausubstanz, weil die Heizleitungen im nicht ausgebauten Kirchendach verlegt werden und die Strahlungsbänder unter der Decke befestigt sind. Andererseits ergibt sich durch die Deckenstrahlplatten ein großer gestalterischer Eingriff.

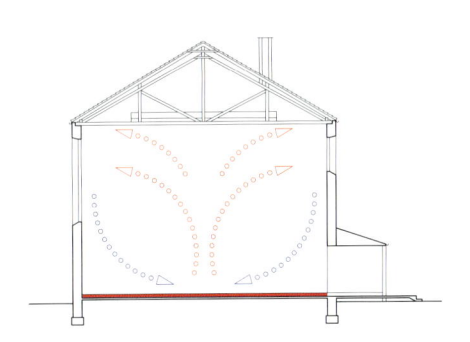

Fußbodenheizung, M 1:500

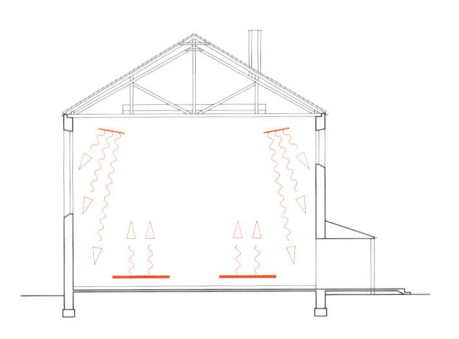

Deckenstrahlheizung, M 1:500

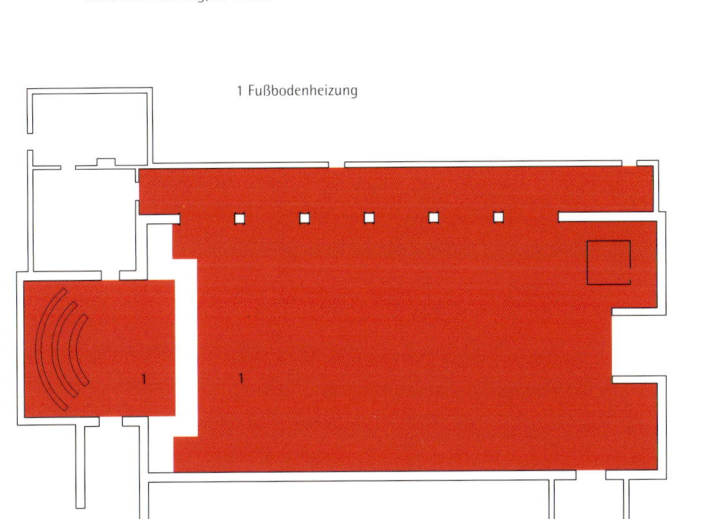

1 Fußbodenheizung

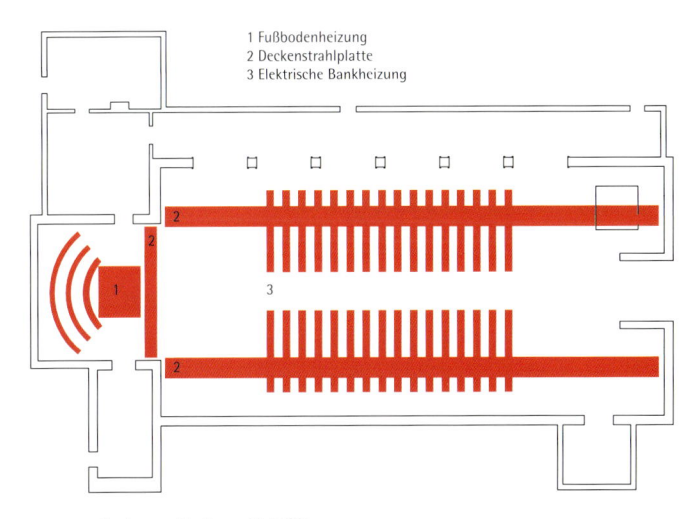

1 Fußbodenheizung
2 Deckenstrahlplatte
3 Elektrische Bankheizung

Fußbodenheizung, M 1:500

Deckenstrahlheizung, M 1:500

Über die Deckenstrahlheizung erfolgt die Grundtemperierung der Kirche. Das Aufheizen zu den Gottesdiensten übernimmt das vorhandene elektrische Bankheizsystem. Die Leistung der Bankheizung kann gegenüber der ursprünglichen Situation verringert werden, was zu einer erheblichen Reduzierung des Leistungspreises für den Stromanschluss führt. Ein Umbau ist nicht erforderlich, da die vorhandene Bankheizung technisch in Ordnung ist. Lediglich die Regelung der Elektrobankheizung wird erneuert.

Die Anordnung der Heizelemente beeinflusst das Raumklima entscheidend. Deshalb wurden verschiedene Lösungen untersucht. Unter raumklimatischen Gesichtspunkten wäre die Integration der Heizelemente als Bogensegment in der Mitte des Kirchenschiffes die beste Variante. Diese Anordnung bewirkt eine gleichmäßige Temperierung der Außenwände, stellt aber gleichzeitig einen nicht gewünschten Bezug zwischen Kreuz und Presbyterium her. Eine raumklimatisch nicht ganz optimale Lösung, die aber gestalterisch besser integrierbar ist, ist die parallele Anordnung der Heizelemente entlang der Außenwand mit einer geringen Neigung zur Wand.

Zusammenfassende Bewertung

Die Analyse der verschiedenen Heizsysteme ergab, dass die Deckenstrahlheizung in Verbindung mit der Elektrobankheizung das optimale Heizsystem für die Kirche St. Augustinus ist. Es erfüllt alle Anforderungen: Der Eingriff in die Bausubstanz ist sehr gering, was sich in einer kurzen Bauphase und in geringen Investitionskosten niederschlägt. Die Grundtemperierung der Außenwände verringert die Verschmutzungsgefahr und schont das Inventar.

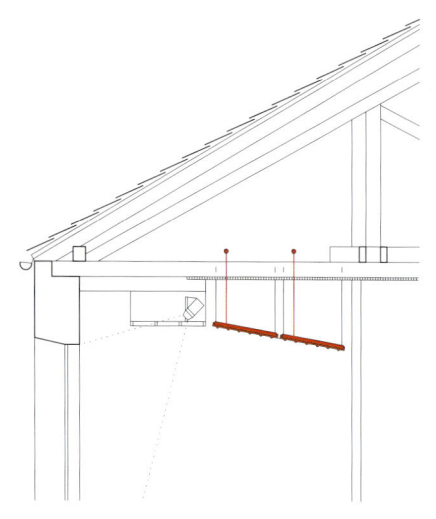

Deckenstrahlheizung

Detail-Schnitt, Deckenstrahlheizung, M 1:50

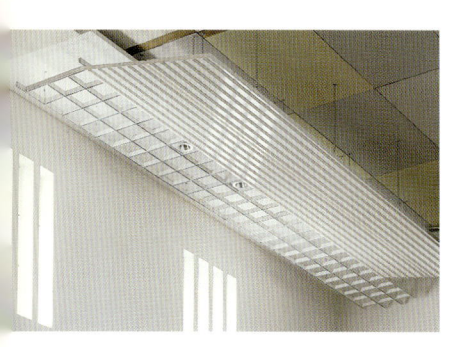

	Baulicher Aufwand	Schätzkosten [TDM]	Schmutzbelastung	Behaglichkeit	Energieverbrauch	Gesamtbewertung
Dezentr. Warmluftstat. / Elektr. Bankheizung	–	200	o	o	o	o
Warmluftwandheizung / Elektr. Bankheizung	–	170	o / +	+	o / +	o / +
Sockelheizung / Elektr. Bankheizung	o	170	o / +	+	o / +	o / +
Fußbodenheizung / Elektr. Bankheizung	– –	300	o	o	+	o
Deckenstrahlheizung / Elektr. Bankheizung	o	165	+	+	+	+

– / o / +   negativ / durchschnittlich / positiv

Bewertung der unterschiedlichen Heizsysteme

Beleuchtungskonzept – Bestand

Tagsüber erfolgt die Belichtung des Kirchenraumes durch Tageslicht, das über Fenster von Norden und Süden einfällt. Das Licht bricht sich an den weißen Putzflächen und führt auf diese Weise zu einer undifferenzierten gleichmäßigen Ausleuchtung des gesamten Kirchenraumes. Im Altarraum dagegen fällt das Licht nur seitlich über Südfenster ein. Es verleiht dem Kreuz Plastizität und setzt so Akzente.

Am Abend während der Messen geben die vorhandenen zwölf Pendelleuchten über jeweils fünf Leuchtstofflampen diffuses Licht an den Raum ab. Die kühle, nüchterne Atmosphäre wird nur im Altarraum durch Strahlerbeleuchtung unterbrochen. Ihr warmes Glühlampenlicht setzt Akzente und schafft Lichtinseln im Raum.

Die bestehende Beleuchtung ist insgesamt unbefriedigend: Die diffuse Raumbeleuchtung wirkt befremdlich, die undifferenzierte Helligkeit ermüdet die Kirchenbesucher. Außerdem werden sie sowohl von den Leuchtstofflampen als auch von den Strahlern im Altarraum geblendet.

Tageslichtsituation

Pendelleuchten

Kunstlichtsituation

Kunstlichtsituation

Die neue Lichtkonzeption

Ziel des neuen Beleuchtungskonzeptes ist es, das architektonische Erscheinungsbild des Kircheninnenraumes zu erhalten und die charakteristischen Kirchenobjekte wie beispielsweise das Kreuz hervorzuheben. Außerdem hat es die Aufgabe, die Kirchenbesucher in ihrer Orientierung zu unterstützen. Die vorhandenen Beleuchtungskörper sollen dabei erhalten bleiben.

Die Konzeption beruht auf der wahrnehmungsorientierten Lichtplanung von Richard Kelly und ist an drei Grundfunktionen der Beleuchtung orientiert:

- Licht zum Sehen
- Licht zum Hinsehen
- Licht zum Ansehen.

Die sakrale Atmosphäre soll mit Hilfe des Beleuchtungskonzeptes zusätzlich betont werden und auf diese Weise Licht zum Zuhören und Licht zum Besinnen schaffen.

Licht zum Sehen

Die Grundbeleuchtung der Kirche muss ausreichend Licht zum Sehen bieten: Der Besucher soll sich mit Hilfe dieser Allgemeinbeleuchtung in der vorhandenen Umgebung orientieren können.

Im Kirchenschiff ist die Beleuchtung der Wände, im Seitenschiff die Beleuchtung der Decke und im Presbyterium die Beleuchtung des Altars vorgesehen, um Raumstruktur und -funktion ablesen zu können. Die Wandbeleuchtung im Kirchenschiff erfolgt über Leuchten, die in dem zusätzlich integrierten Deckensegel befestigt sind. Durch eine gleichmäßige Ausleuchtung der Wandflächen im Kirchenschiff treten die Leuchten in den Hintergrund und die Wand selbst wird zur Leuchte. Im Seitenschiff geben die Wandleuchten ihr Licht vorrangig nach oben ab, so dass es an den weißen Deckenflächen reflektiert und auf indirekte Weise den gesamten Raum belichtet. Die Leuchten werden harmonisch in die vorhandene Wand eingepasst. Im Presbyterium sind zur akzentuierten Beleuchtung des Altars Strahler vorgesehen. Der Montageort der neuen Leuchten unter der Decke ist so gewählt, dass die Kirchenbesucher nicht geblendet werden.

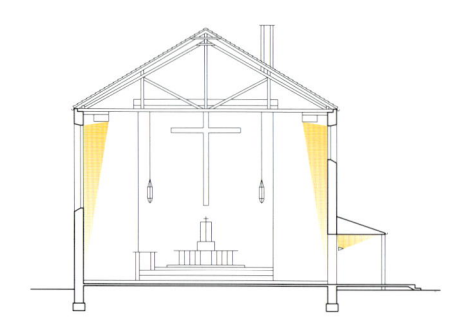

Anordnung der Beleuchtungskörper, M 1:500

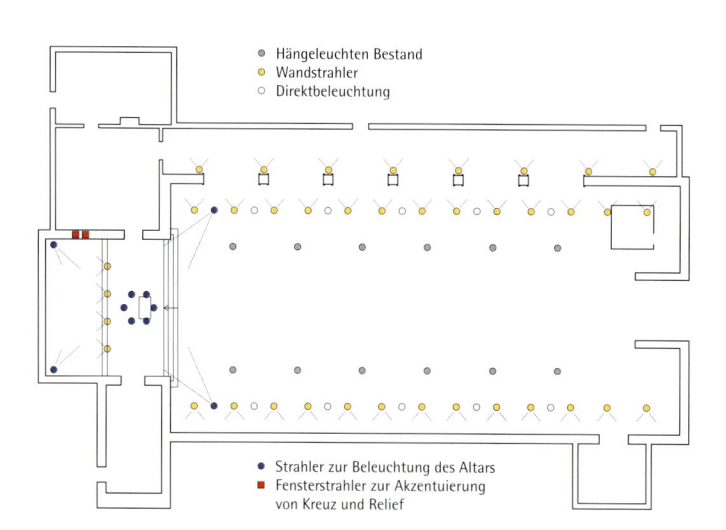

- Hängeleuchten Bestand
- Wandstrahler
- Direktbeleuchtung

- Strahler zur Beleuchtung des Altars
- Fensterstrahler zur Akzentuierung von Kreuz und Relief

Anordnung der Beleuchtungskörper, M 1:500

Licht zum Hinsehen

Diese Art der Beleuchtung rückt wesentliche Objekte in das Blickfeld des Betrachters. Dabei werden gezielt bestimmte Informationen aus der Allgemeinbeleuchtung herausgehoben und durch Lichtakzente betont, während die weniger wichtigen Informationen zurücktreten.

Die vertikale Beleuchtung der Wände (von oben nach unten) im Kirchenschiff unterstreicht den Hallencharakter des Raumes.

Dem Altarraum kommt als wichtigstem Teil der Kirche besondere Bedeutung zu. Der Einsatz von Strahlern eignet sich hier sowohl zur akzentuierten Beleuchtung, als auch zur Beleuchtung wechselnder Themen. Verschiedene Inszenierungen werden je nach Art des Gottesdienstes oder der Messe möglich: Bei Werktagskirche kommt das Licht aus Richtung Altarraum, bei Sonntagskirche aus Richtung Kirchenschiff.

Von großer religiöser Bedeutung für die Kirche St. Augustinus sind Kreuz und Wandrelief, die sich an der Stirnseite des Altarraums befinden. Diese Objekte sind aus der Allgemeinbeleuchtung herauszuheben und durch Lichtakzente zu betonen. Tagsüber setzt das seitlich einfallende Tageslicht die Akzente und schafft durch Hell-Dunkel-Kontraste Plastizität. Bei Dunkelheit lässt sich der gewünschte Lichteffekt durch Strahler verwirklichen, die in den Seitenfenstern des Altarraums angebracht sind.

Licht zum Ansehen

Hier wird Licht selbst zum Objekt der Betrachtung und trägt zur ästhetischen Wirkung seiner Umgebung bei.

Die vorhandenen Pendelleuchten passen als dekoratives Element zur vorhandenen Architektur. Sie können stark gedimmt und so der Umgebungsbeleuchtung und dem kirchlichen Anlass entsprechend angeglichen werden.

Beleuchtungssituation bei Werktagsgottesdiensten, M 1:200

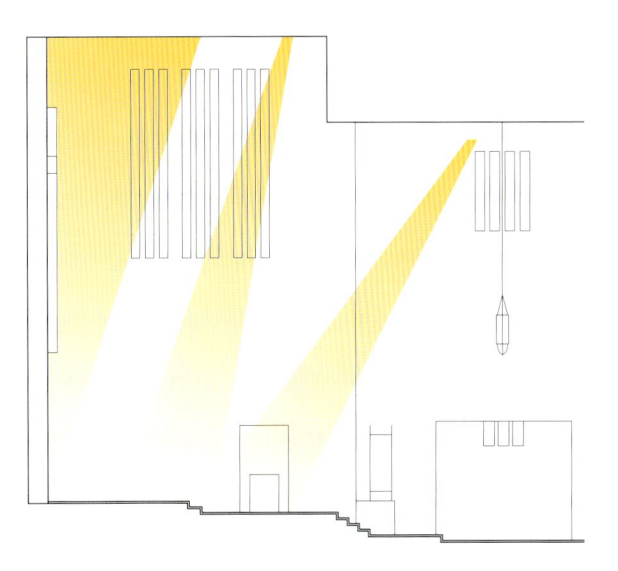

Beleuchtungssituation bei Sonntagsgottesdiensten, M 1:200

Ingenieurbüro Hausladen, Kirchheim

Bauherr
Prof. G. Hausladen
Kirchheim b. München

Architekt
Florian Lichtblau
München

Gebäudetechnik, Bauphysik
Ingenieurbüro Hausladen
Kirchheim b. München
Prof. G. Hausladen
H. Eckerl

Das größte Energieeinsparpotential steckt im Gebäudebestand. Altbauten, insbesondere aus den 50er bis 70er Jahren, haben einen bis zu 5-fach höheren Heizenergiebedarf als heutige Gebäude, die den Anforderungen der Wärmeschutzverordnung '95 entsprechen.

Im Vergleich dazu erbringt die weitere Reduzierung des Heizenergiebedarfs bei Neubauten auf den Standard von Niedrigenergiehäusern nur einen Bruchteil dessen, was durch energiesparende Maßnahmen bei bestehenden Gebäuden erreicht werden kann. Das eigene Bürogebäude soll beispielhaft die Möglichkeiten der energetischen und architektonischen Sanierung eines Zweifamilienhauses aus den 60er Jahren aufzeigen.

Ursprüngliche Situation

Das Gebäude wurde 1965 als reines Zweifamilien-Wohnhaus mit einer Nutzfläche von 210 m^2 gebaut. Das Gebäude zeigt den für die 60er Jahre typischen Baustil: schlechter Wärmeschutz, große Panoramafenster, Betonbalkone und Rolläden. Für die Wärmeversorgung des Gebäudes wurden jährlich rund 8000 l Öl verbraucht. Das entspricht einem Jahresheizenergieverbrauch von ca. 400 kWh/m^{2}a. Im Vergleich dazu beträgt der Jahresheizenergieverbrauch eines 1997 errichteten Einfamilienhauses zwischen 50 und 100 kWh/m^{2}a.

Für den hohen Heizenergieverbrauch waren die geringe Wärmedämmung der Außenhülle, die Anlagenverluste des alten Heizölkessels sowie die Regelverluste und die Wärmeverteilverluste verantwortlich. Zusätzlich trugen Wärmebrücken im Bereich der Rollladenkästen, Balkonplatten und ungedämmte Deckenstirnseiten zu dem hohen Energieverbrauch bei.

Bei derart schlecht gedämmten Gebäuden sind die Transmissionswärmeverluste über die Gebäudehülle weitaus größer als die Lüftungswärmeverluste. Das Energieeinsparpotential durch zusätzliche Wärmedämmung ist also besonders groß.

Wärmeschutztechnische Qualitäten der ursprünglichen Bauteile:

Bauteil	Stärke [cm]	Material	k-Wert [W/m²K]
Außenwand	30	Hochlochziegel	1,2
Fenster		Verbundfenster	3,0
Dachgeschossdecke	20 / 3	Beton / Wärmedämmung	1,0
Kellerdecke	20 / 3	Beton / Wärmedämmung	1,1

Bestand (Südansicht)

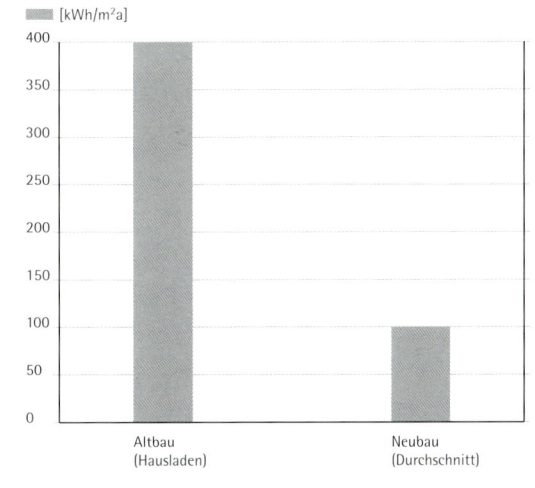

Jahresheizenergiebedarf
(Neubau ab 1995, Gebäudebestand bis 1970)

Südansicht (nach Sanierung u. Anbau)

Ingenieurbüro Hausladen, Kirchheim

Schnitt, M 1:200

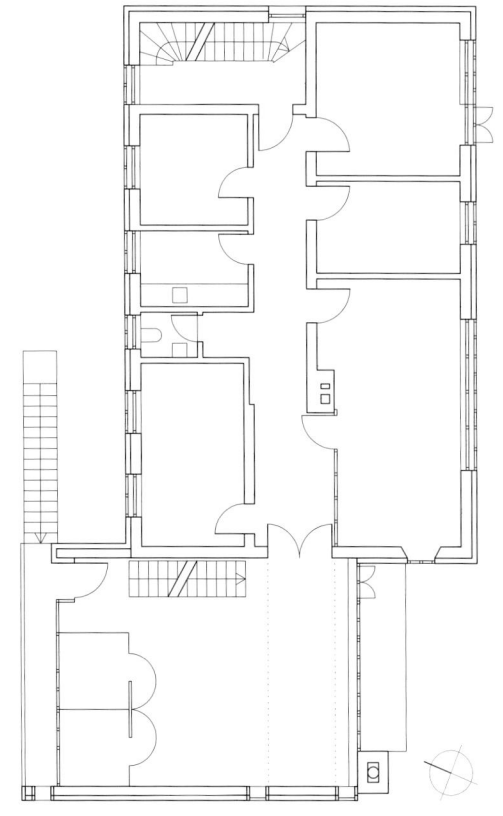

Grundriss 1. OG (Büro), M 1:200

Umbau und Nutzung

Seit dem Umbau 1986 ist im Erdgeschoss eine Wohnung mit Doppelgarage und im Ober- und Dachgeschoss das Ingenieurbüro des Bauherrn untergebracht. Die Doppelgarage wurde 1994 ausgebaut und um eine gläserne Empfangshalle bis zum First des Gebäudes aufgestockt. Die Erweiterung kam der Büronutzung zugute: In der ehemaligen Garage befinden sich die CAD-Arbeitsplätze. Die Eingangshalle bietet Platz für Empfang und Sekretariat, für den Besprechungsraum, die Bibliothek und die Erschließung des Dachgeschosses. Der Haupteingang des Büros liegt im ersten Obergeschoss und ist über eine Außentreppe zu erreichen. Das Erdgeschoss des Hauptgebäudes wird weiterhin als Wohnung genutzt. Ein Carport gegenüber dem Gartenhof dient als neuer Unterstellplatz für Autos.

Energetische Sanierung

Das energetische Sanierungskonzept beruht im wesentlichen auf zwei Prinzipien: Die Transmissionswärmeverluste wurden durch die Verbesserung der Gebäudehülle minimiert. Zusätzlich sorgen Flächen mit transluzenter Wärmedämmung (TWD) für erhöhte Solargewinne.

Außenwand und Fenster

Die vorhandene Außenwand aus verputzten Lochziegeln wurde rundum wärmegedämmt. An der südorientierten Längsfassade wurden auf 35 m² Module mit transluzenter Wärmedämmung befestigt. Die restlichen Wandflächen erhielten eine neue Außenhaut aus zementgebundenen Spanplatten, die auf eine Holzunterkonstruktion montiert wurden. In den Zwischenraum wurde eine 12 cm dicke Dämmung aus Zelluloseflocken eingebracht. Vor die vorhandenen Holzverbundfenster wurden nach außen öffnende, wärmeschutzverglaste Vorfenster (Kastenfenster) gesetzt. Deren Oberkante liegt höher als die der alten Fenster, um zusätzliche Verschattungen zu minimieren. Der k-Wert der Wand verbesserte sich durch diese Maßnahmen von 1,1 auf 0,3 W/m²K, der Fenster-k-Wert sank von 3,0 auf 1,0 W/m²K. Auf der Südseite wurden die alten Fenster ausgebaut. Der k-Wert beträgt dort 1,4 W/m²K.

Dach

Im Zuge des Dachgeschossausbaus wurde das Dach bereits 1986 mit 14 cm Wärmedämmung zwischen Sparren gedämmt. Eine weitere Verbesserung wurde nicht vorgenommen.

Eingangshalle

Der Anbau auf der ehemaligen Doppelgarage ist als leichte Tragkonstruktion zwischen den tragenden Wandscheiben des vorhandenen Giebels und der neuen Giebelwand ausgeführt. Für die Fassade wurden Wärmeschutzverglasungen und wärmegedämmte Paneele verwendet. Ein 45 m² großes Lichtdach aus transluzenten Kapillaren sorgt für sehr gute Tageslichtverhältnisse und eine homogene Ausleuchtung des Raumes. Die neue Giebelwand erhielt eine vorgehängte Holzverschalung. Zelluloseflocken dienen der Wärmedämmung.

Einblasen des isofloc Zellulose-Dämmstoffs

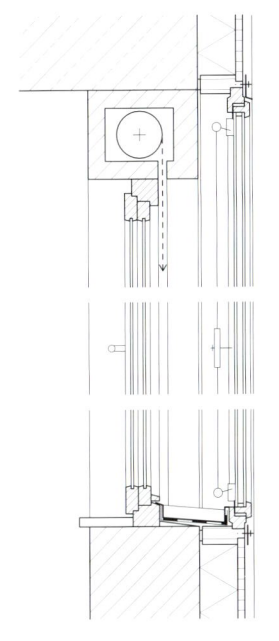

Bestand
Mauerwerk Ziegel 30 cm verputzt, Decken Stahlbeton, Verbundfenster und Rollläden Holz.

Unterkonstruktion
VH-Fichte unbehandelt 55/110 mm, gefälzt und gedübelt

Außenhaut
zementgebundene Spanplatte 18 mm, unbehandelt auf Dichtband

Vorfenster
Wärmeschutzglas neutral 6/16/4 mm, Stock und Flügel (außenöffnend) VH-Lärche unbehandelt, Blechwanne mit Ablauf

Deckleisten
geschraubt (Ösen für Rankdrähte), vert. zementgeb. Spanplatte farbbeh. 55/25 mm, horiz. Alu natur 55/5 mm

Wärmedämmung
Zellulose imprägniert 120 mm, eingeblasen

Fassaden-Schnitt, M 1:20

Kastenfenster

Transluzente Wärmedämmung

Das Prinzip der transluzenten Wärmedämmung (TWD) besteht darin, dass die einfallende Sonnenstrahlung durch die transluzenten Kapillaren auf eine massive Absorberwand trifft. Die Wand erwärmt sich dadurch und gibt die aufgenommene Wärme nach mehreren Stunden an den Innenraum ab. Die Wärmeabgabe nach außen wird durch die wabenartige Kapillarschicht minimiert. Besonders effektiv funktioniert diese Art der Sonnenenergienutzung bei gut wärmeleitenden und schlecht gedämmten Massivwänden, wie sie bei Altbauten oft anzutreffen sind.

An der Südfassade ergänzen sich sofort wirksame Energiegewinne – durch die Fenster einfallendes Sonnenlicht – und zeitlich verzögerte Wärmegewinne durch die TWD-Fassade.

Die geschosshohen TWD-Elemente sind in Holzmodulbauweise ausgeführt, 9 cm lange Kapillare aus Polymethylmethacrylat (PMMA) bilden die transluzente Schicht. Integrierte Kammerplisseestores dienen als Sonnenschutz. Um die Absorberfunktion zu verbessern, erhielt der vorhandene Außenputz einen schwarzen Anstrich. Der k-Wert der TWD-Außenwand hat sich von 1,1 auf 0,5 W/m²K verbessert.

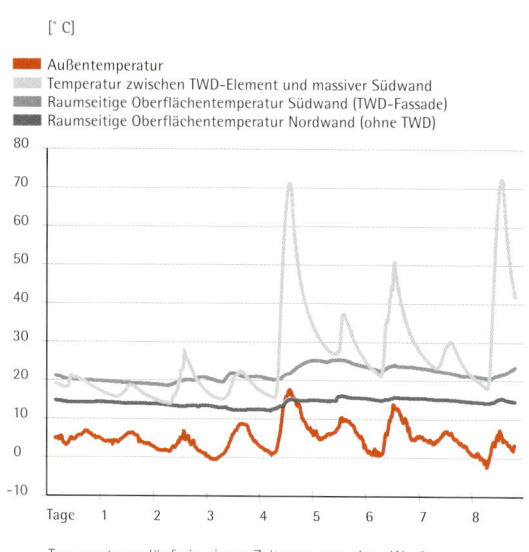

Montage der TWD-Fassade

TWD-Fassade

TWD-Fassade mit halboffenem Sonnenschutz

Temperaturverläufe in einem Zeitraum von einer Woche

TWD-Lichtdach

Ein TWD-Element wurde zur Erfassung von Daten mit Messfühlern ausgestattet. Die Messergebnisse geben Aufschluss über den Temperaturverlauf in diesem Element und der dahinterliegenden Wand. Um die Wirkung verschiedener Dämmmethoden vergleichen zu können, werden auch die Wandoberflächentemperaturen im Innenraum hinter ungedämmter und konventionell (opak) gedämmter Außenwand erfasst. Es zeigt sich, dass auch an trüben Tagen die innere Wandoberflächentemperatur der Fassade mit TWD ca. 4 K höher liegt als die der opak gedämmten Nordwand. An sonnigen Februartagen erreicht die Wandoberfläche sogar Temperaturen von 25°–26°C und wirkt dann wie eine behagliche Wandheizung. Die Temperatur im TWD-Element selbst kann bis auf 75°C steigen.

Beim TWD-Lichtdach der Eingangshalle wurden ebenfalls vorgefertigte, beidseitig verglaste Elemente mit Schichtholzrahmen verwendet, die in eine Pfetten-Sparren-Konstruktion eingelegt und mit Anpressleisten aus zementgebundener Spanplatte befestigt wurden. Direktes Sonnenlicht wird durch das Kapillarmaterial gestreut und diffus im Raum verteilt. Auf einen außenliegenden Sonnenschutz wurde verzichtet. Innen, direkt unter dem Lichtdach, schützt ein heller Baumwollstoff vor sommerlicher Überhitzung. Zusätzlich kann das im First eingebaute Hubdach um 25 cm angehoben und aufgestaute Wärme abgelüftet werden. Angetrieben wird das Hubdach durch vier Gleichstrommotoren. Die Steuerung erfolgt manuell sowie über Wind- und Regenwächter.

Eingangshalle mit TWD-Lichtdach

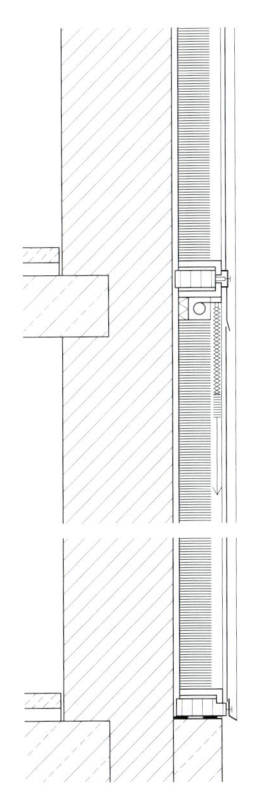

TWD-Fassade, M 1:20

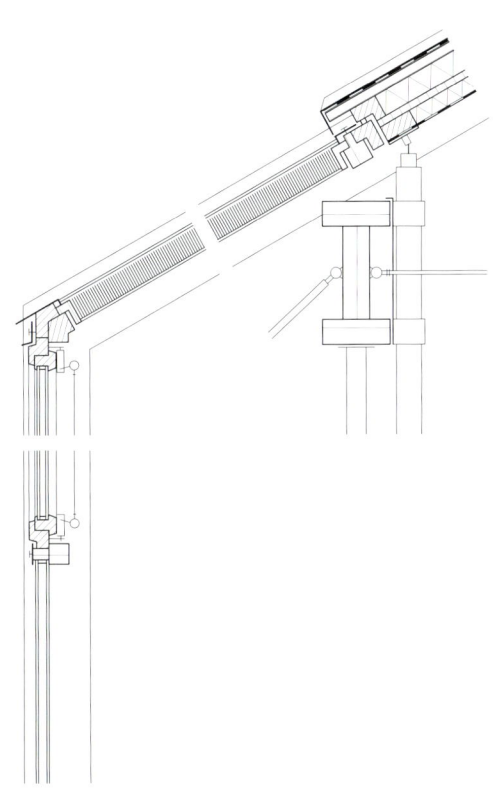

Detail-Schnitt, TWD-Lichtdach mit Hubelement, M 1:20

Sommerliches Verhalten

Die große Höhe der Eingangshalle (ca. 6 m) erweist sich im Sommer als äußerst positiv. Aus architektonischen und finanziellen Gründen wurde auf einen aufwendigen, außenliegenden Sonnenschutz in der Eingangshalle verzichtet. Zusätzlich zum innenliegenden Sonnenschutz und der Lüftung über das Hubdach trägt die natürliche Durchlüftung während der Nachtstunden dazu bei, den Raum zu kühlen. Dazu strömt die frischere Nachtluft über Oberlichter im Erdgeschoss und 1. Obergeschoss bzw. Nachströmöffnungen in der Eingangstür in die Halle und entweicht über das Hubdach. Die großflächigen massiven Wandscheiben und der Boden dienen als Speichermassen: Sie dämpfen Temperaturspitzen bei Tag und geben die gespeicherte Wärme nachts wieder ab. Die Erfahrung hat gezeigt, dass großflächig verglaste Hallen bzw. Atrien im Sommer im unteren Aufenthaltsbereich nicht überhitzen müssen, wenn sie über eine entsprechende Höhe (Nutzung der thermischen Schichtung) verfügen und über Lüftungsklappen in Wänden und Decke gut durchlüftet werden können.

Temperaturmessungen haben ergeben, dass selbst bei 30°C Außentemperatur die empfundene Raumtemperatur der Eingangshalle im 1. Obergeschoss nicht über 26°C steigt. Der obere Bereich der Halle ist nur zur zeitweiligen Nutzung gedacht. Hier steigen die Temperaturen im Sommer an sonnigen Tagen deutlich über Außenlufttemperatur.

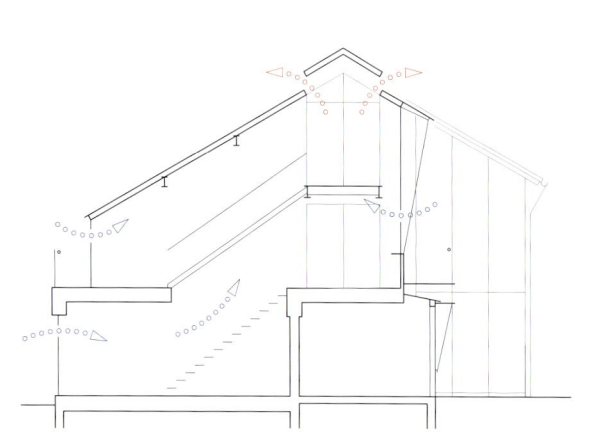

Lüftungskonzept Sommer, M 1:200

Galerie mit Hubdach

Heizung und Lüftung

Die Heizung erfolgt über einen 1995 installierten Niedertemperaturheizkessel. Heizkörper mit Thermostatventilen geben die Wärme an den Raum ab. Der Ölverbrauch sank von ursprünglich 40 l/m^2 auf ca. 8 l/m^2. Gelüftet wird über Fenster. Die Kastenfenster ermöglichen eine sehr gut dosierbare natürliche Lüftung. Eine lüftungstechnische Besonderheit findet sich in der als CAD-Raum genutzten ehemaligen Garage samt zweigeschossigem Anbau: Im Winter und in der Übergangszeit sorgt ein thermostatgesteuertes Gebläse für die Erwärmung des Erdgeschosses durch Absaugen von Stauwärme unter dem Dachfirst.

Architektonische Veränderung

Das Projekt stellt nicht nur ein Beispiel für die energetische Sanierung, sondern auch für die gestalterische Verbesserung eines Gebäudes aus den 60er Jahren dar. Durch die neue Außenhaut, vor allem aber durch den großzügig verglasten Erweiterungsbau, hat sich die äußere Erscheinung des Gebäudes grundlegend geändert. Die geschosshohen TWD-Elemente der Südfassade stehen zu den schmalen, deckenbündig abschließenden Vorfenstern in spannendem Kontrast. Aufgrund einheitlicher Proportionen entsteht ein durchgehender Fassadenrhythmus. Durch die außenbündig eingesetzten Vorfenster ergibt sich eine durchgehend flächige, ruhige Außenhaut ohne Vor- und Rücksprünge. Eine sensible Farbgebung ergänzt und akzentuiert die naturbelassenen Materialien.

Südansicht

Bauherr
Dres. Frank Ortmann Strunz
Immobilienbeteiligungs-KG
Köln

Projektsteuerung
ExperTeam
Stuttgart
K. Münster

Architekten, Energiekonzept
Tageslichtplanung
Prof. G. Willbold-Lohr
A. Lohr
Köln

Tragwerksplanung
Prof. R. Hempel
Bonn

Gebäudetechnik
Ingenieurbüro Hausladen
Kirchheim b. München
Prof. G. Hausladen
P. Springl

Thermische Simulation
Ingenieurbüro Hauser
Baunatal
Prof. G. Hauser

Low Energy Office, Köln

In Köln wurde 1994, ein auf den Bedarf des Software- und Beratungsunternehmens Exper Team AG zugeschnittenes Bürohaus in Niedrigenergiebauweise errichtet. Das Low Energy Office – kurz L·E·O genannt – beruht auf den innovativen Planungskonzepten der Architekten. Bereits in der frühen Phase der Planung gab es eine intensive Zusammenarbeit zwischen den Architekten und den beteiligten Fachingenieuren. Durch ein abgestimmtes Zusammenspiel von Bau- und Anlagentechnik wurde ein Bürogebäude erstellt, das sich unter anderem durch ein hohes Maß an Behaglichkeit, einen geringen Energieverbrauch und durch einfache Anlagentechnik auszeichnet.

Entwurfsziele

Zusammen mit den Architekten definierte der Bauherr für L·E·O folgende Ziele:

- Niedriger Energieverbrauch
- Hohe Funktionalität
- Hoher Komfort
- Niedrige Investitionskosten
- Gebäudeteile einzeln vermietbar.

Die gemeinsamen Ziele der Architekten und der Haustechniker lauteten:

- Reduzierung der Heizemissionen
- Reduzierung des Trinkwasserverbrauchs und Nutzung von Regenwasser
- Vermeiden von Klimaanlagen
- Deutliche Reduzierung des Strombedarfs
- Optimierte optische und gestalterische Einbindung der haustechnischen Anlagen in das Gebäude
- Ausreichend Raum für die Haustechnik
- Leichte Zugänglichkeit aller haustechnischen Installationen zur Verringerung des späteren Wartungs- und Reparaturaufwandes
- Störungsfreier Betriebsablauf bei Um- und Nachrüstung der haustechnischen Anlagen.

Neue Denkansätze

Die Entwicklung neuer Baustoffe und der Einsatz innovativer Bau- und Anlagentechniken hat eine sehr große Freiheit im Bauen geschaffen. Damit ist aber auch das Zusammenwirken von Außenklima, Gebäude, Technik und Nutzer vielfältiger geworden. Das birgt neue Möglichkeiten, aber auch Risiken.

Die Folgen des Nichtbeachtens einiger wichtiger Zusammenhänge ist an vielen Bauten der 60er und 70er Jahre zu sehen. Die konzeptionellen Fehler des Entwurfs wurden mit viel Technik korrigiert. Oft sind diese Gebäude nur mit aufwendigen Klimaanlagen und hohem Energieverbrauch einigermaßen zu beherrschen. Und trotzdem fühlen sich die Menschen in solchen Häusern oft nicht wohl.

Die Zeiten, in denen die Entwürfe von Gebäude und Haustechnik nicht aufeinander abgestimmt sind, sollten endgültig vorbei sein. Nur durch die enge Zusammenarbeit von Architekten und Ingenieuren in der Konzeptionsphase eines Gebäudes können befriedigende Lösungen gefunden werden. Das Miteinander ist künftig viel stärker gefragt als das Nacheinander.

Südostansicht, Eingang

Südansicht

Bauliche Umsetzung

Der Energieverbrauch eines Gebäudes wird im wesentlichen durch den Entwurf und dessen bauliche Umsetzung bestimmt. Dabei spielen Gebäudekonzept, Orientierung, Baukonstruktion, Speichermassen und die Ausbildung der Fassade eine wesentliche Rolle. Erst an zweiter Stelle stehen Anlagentechnik, Energieversorgung und Energieerzeugung.

Orientierung des Gebäudes

Die Orientierung eines Gebäudes beeinflusst den Energieverbrauch, die sommerlichen Verhältnisse und insbesondere bei Bürogebäuden auch die Tageslichtsituation. Ideal ist bei Bürogebäuden die Nord-Süd-Orientierung. Auf der Nordseite ergeben sich ideale Tageslichtverhältnisse und eine sehr geringe sommerliche Belastung der Räume. Auf der Südseite kann die Sonneneinstrahlung während der Heizperiode genutzt werden. Im Sommer ist wegen der hochstehenden Sonne die Überhitzungsgefahr gering. Dagegen führen Ost- und Westfassaden gerade im Sommer zu einer großen thermischen Belastung der Räume.

Um diesen Gesichtspunkten Rechnung zu tragen, wurde dem Bauherrn von den Architekten vorgeschlagen, das südliche Eckgrundstück eines Baugebiets zu kaufen. Auf Ost- und Westfenster haben die Architekten konsequent verzichtet.

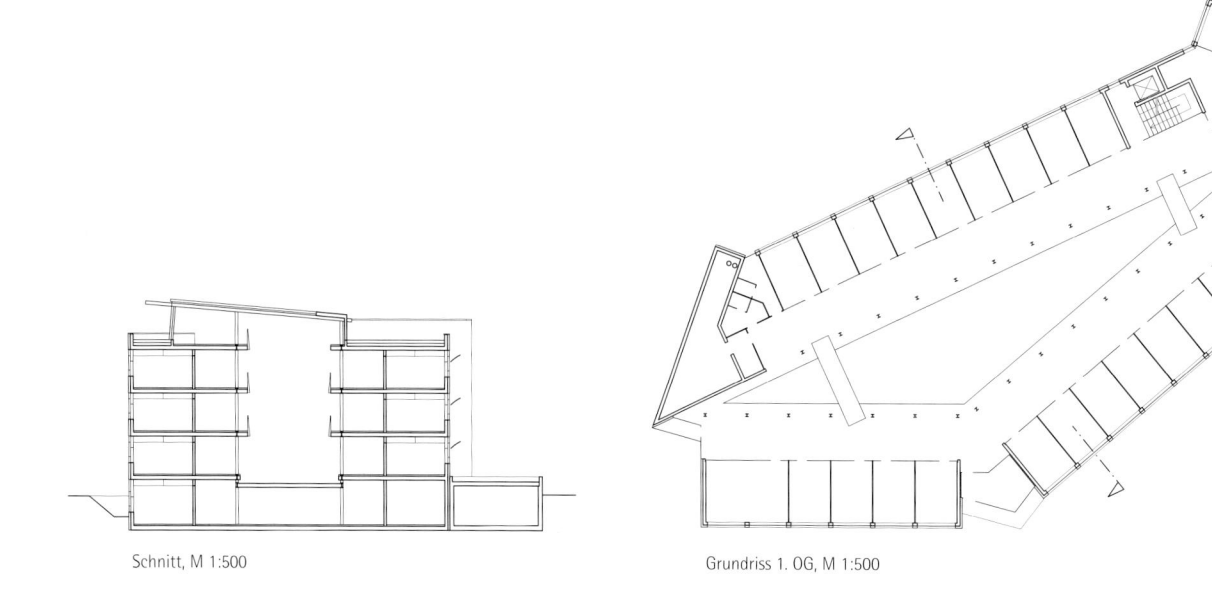

Schnitt, M 1:500

Grundriss 1. OG, M 1:500

Kompakte Bauweise mit Atrium

Der Heizwärmebedarf jedes Gebäudes wird durch seine Form entscheidend beeinflusst. Je günstiger das Verhältnis zwischen wärmeabgebender Außenfläche und umbautem Volumen ist (A/V-Verhältnis bei L·E·O = 0,31 m^{-1}), umso geringer ist der Heizenergiebedarf. Allerdings müssen eine gute Ausleuchtung mit Tageslicht und ausreichende natürliche Lüftungsmöglichkeiten gegeben sein. Die kompakte Bauweise des Atriumgebäudes erlaubt die zweiseitige Belichtung einer großen Anzahl von Arbeitsplätzen mit Tageslicht.

Baukonstruktion

Das Gebäude ist eine Mischkonstruktion aus Stahl- und Betonfertigteilen. Während der Entwurfsphase wurden mehrere Möglichkeiten der Deckenkonstruktion untersucht. Letztlich ist die Entscheidung für eine Hohlkörperdecke gefallen. Darin ist die Luftführung und ein Teil der Installationsleitungen untergebracht. Dadurch konnte auf eine abgehängte Decke sowie auf einen Doppelboden verzichtet werden. Die Trennwände zwischen den einzelnen Büros sind massiv ausgeführt. Boden, Decke und Wände dienen als Speichermassen, die sich sehr positiv auf die sommerlichen Verhältnisse auswirken.

Stahl- und Betonfertigteilkonstruktion

Atrium

Atrium

Fassade

Die Fassade eines Gebäudes entscheidet über die Behaglichkeit, den Energieverbrauch, die sommerlichen Verhältnisse, die Tageslichtsituation und die Lüftungsmöglichkeiten. Darüber hinaus ist sie ein wesentliches gestalterisches Element. Je nach Orientierung bildeten die Architekten die Fassaden anders aus.

Die Fassade des L·E·O besteht aus mehreren Funktionseinheiten:

- geschlossene Elemente mit hoher Wärmedämmung
- zu öffnende Fenster als Sichtverbindung nach außen und zur Raumlüftung
- fest verglaste Oberlichter zur Tageslichtversorgung
- auf der Südseite Elemente mit transluzenter Wärmedämmung vor massiven Wandbauteilen.

Die geschlossenen Bauteile haben eine 13 cm dicke Wärmedämmung. Die Fenster bestehen aus 2-Scheiben-Wärmeschutzverglasung.

Es wurden folgende Dämmwerte realisiert:

Bauteil	k-Wert [W/m²K]
Außenwand (mit Dämmung)	0,35
Fenster	1,30
Dach	0,25
Kellerdecke	0,40

Ansicht Südfenster

Raumansicht

Oberlichter mit Lichtumlenkung
Transluzente Wärmedämmung vor Betonwand mit passivem Sonnenschutz

Ausbildung Südfenster

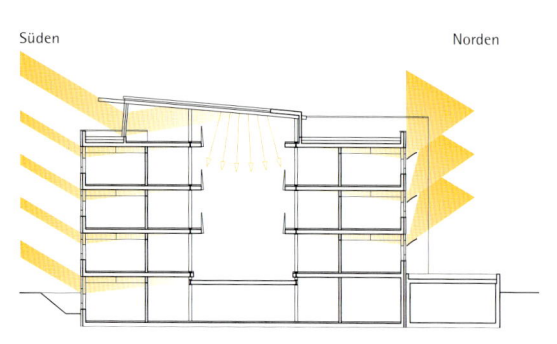

Tageslichtkonzept, M 1:500

Tageslicht, Sonnenschutz, Blendschutz

Bildschirmarbeitsplätze stellen hohe Anforderungen an die Belichtung. Alle Computerarbeitsplätze sollten blendfrei mit natürlichem Licht versorgt werden, um tagsüber die künstliche Beleuchtung stark reduzieren zu können.

Die Arbeitsplätze werden von zwei Seiten – durch die Fensterfront und über das Atrium – belichtet. Außerdem herrscht Transparenz zwischen den Büros und Arbeitszonen, ohne die Privatsphäre der Nutzer zu stören. Zusätzlich führt eine Tageslichtlenkung zu einem Mehr an natürlichem Licht.

Um die Tageslichtlenkung realisieren zu können, wurde das Gebäude unterzugfrei mit glatten Deckenunterseiten konstruiert. Diese erhielten einen Farbanstrich mit sehr hohem Reflexionsgrad. Alle Trennwände haben Oberlichtfenster ab einer Höhe von 2,10 m bis zur Decke. So durchdringt das an die Decke gelenkte Tageslicht ungehindert die Räume. Die Lichtlenkelemente wurden über Augenhöhe einer stehenden Person bis zur Decke sowie über die gesamte Raumbreite installiert und haben je nach Anforderung unterschiedliche Gestalt:

- Auf der Nordseite sind es außenliegende, schräg geneigte Reflektorbleche, die das diffuse Zenitlicht in den Raum lenken.
- Für die Südseite wurden innenliegende Jalousien gewählt, wobei die Lamellenneigung motorisch oder manuell gesteuert wird. Diese Jalousielamellen übernehmen die Lichtlenkung des diffusen und – wenn energetisch verträglich – auch des direkten Lichts sowie den Sonnen- und Blendschutz.

Nordfassade mit Tageslichtreflektoren

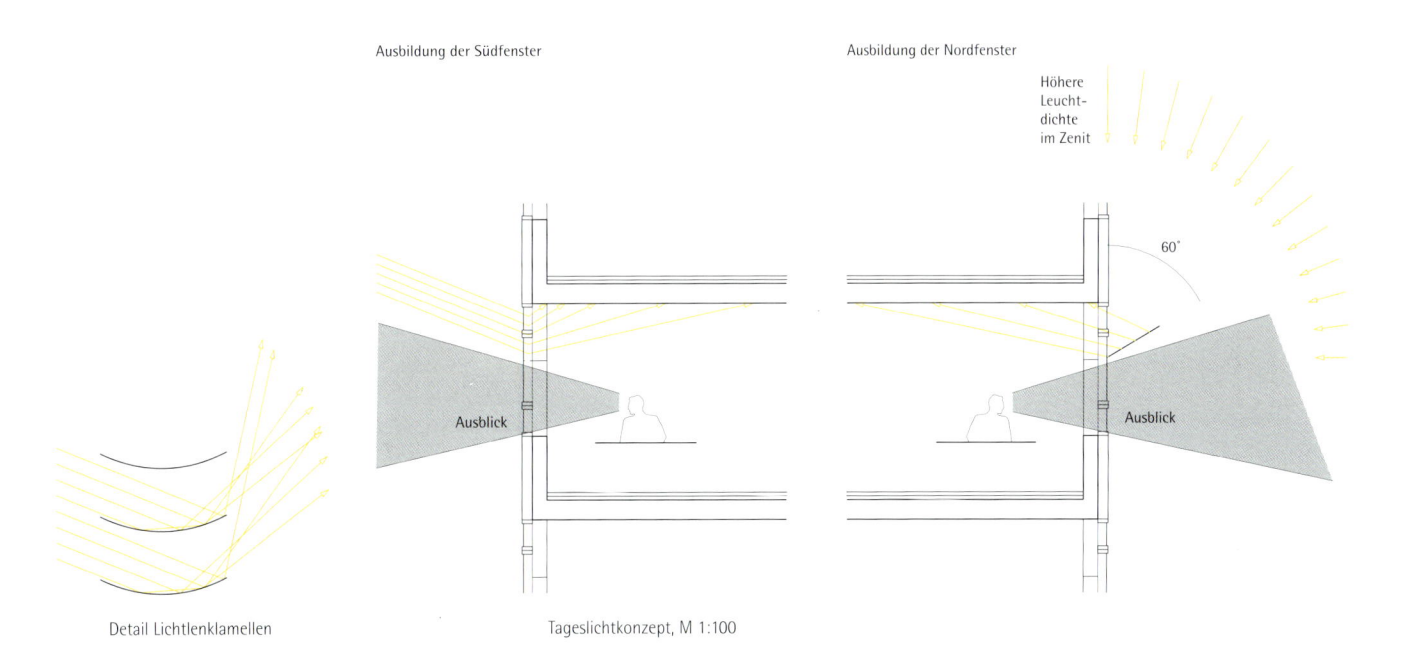

Ausbildung der Südfenster

Ausbildung der Nordfenster

Höhere Leuchtdichte im Zenit

Detail Lichtlenklamellen

Tageslichtkonzept, M 1:100

Entwurfsbegleitende Berechnungen

Die gesamte Planungsphase wurde durch Berechnungen begleitet, um Entwurfsentscheidungen zu hinterfragen, Planungen entsprechend zu modifizieren und Aussagen über das sommerliche Verhalten und den Energiebedarf machen zu können. Je nach Problemstellung wurden einfache Überschlagsrechnungen angestellt oder detaillierte dynamische Simulationsrechnungen durchgeführt. Die Berechnungen haben geholfen, bauliche Maßnahmen zu optimieren und das Anlagenkonzept zu entwickeln. So wurde mit Hilfe von dynamischen Simulationsrechnungen unter anderem folgendes festgestellt:

- Ohne nächtliche Belüftung wäre ein Ansteigen der Lufttemperaturen in den Büroräumen an heißen Sommertagen auf über 30°C zu erwarten gewesen.
- Mit einer nächtlichen Durchlüftung kann das Temperaturniveau tagsüber um ca. 4 K abgesenkt werden. Dazu ist nachts ein 3- bis 4-facher Luftwechsel notwendig. Voraussetzung: Die Fenster bleiben tagsüber bei hohen Außentemperaturen geschlossen, so dass keine zusätzliche Wärme in das Gebäude einströmt. Die Grundlüftung ist durch eine mechanische Be- und Entlüftungsanlage sichergestellt (ca. 1,5-facher Luftwechsel), die Zuluft wird im Sommer über einen Erdkanal vorgekühlt.
- Der Heizwärmebedarf wird zum Großteil durch den Luftaustausch bestimmt. Eine Wärmerückgewinnung ist notwendig, um einen Heizwärmebedarf von ca. 40 kWh/m²a zu erreichen.

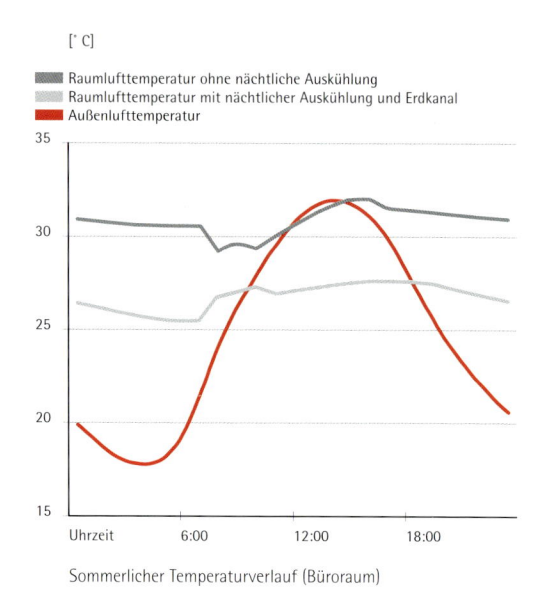

Sommerlicher Temperaturverlauf (Büroraum)

Anlagentechnische Umsetzung der Ziele

Luftheizung

Lüftungswärmeverluste haben wegen des guten Gebäudewärmeschutzes einen hohen Anteil am Heizwärmebedarf. Deshalb wurde für das L·E·O eine mechanische Be- und Entlüftungsanlage mit Wärmerückgewinnung vorgesehen. Der Wärmerückgewinnungsgrad beträgt 80%. Auch die Heizfunktion erfolgt allein über die Lüftungsanlage. Dies ist möglich, weil die Heizlast so gering ist, dass die Luftmenge, die sich aus hygienischen Gründen ergibt (1,5-facher Luftwechsel in den Büroräumen), auch für die Beheizung ausreichend ist. Die Anlage wird während der Nutzungszeit mit Außenluft betrieben. Außerhalb der Nutzungszeit kann sie zu Heizzwecken auch auf Umluft umgestellt werden. Jedes Büro hat ein zugeordnetes Heizregister mit Einzelraumregelung. Zu- und Abluft werden durch Hohlkörper in den Decken geführt. Das Atrium dient als Abluftkanal: Die Abluft wird zentral an einer Stelle im Atrium abgesaugt und von dort an das Lüftungsgerät mit Wärmerückgewinnung weitergeleitet. Die technische Installation von Luft- und Heizleitungen sowie die Elektroinstallation musste bei diesem integralen Konzept bereits in der Vorentwurfsphase mit der Baukonstruktion abgestimmt werden.

Das Atrium ist unbeheizt. Es erhält die Wärme aus den angrenzenden Büroräumen. Berechnungen haben ergeben, dass sich im Atrium an kalten Wintertagen als geringste Temperatur ca. 17°C einstellt. Der Bauherr hat diesem Temperaturniveau zugestimmt und als ausreichend für die Nutzung der Kombizone angesehen.

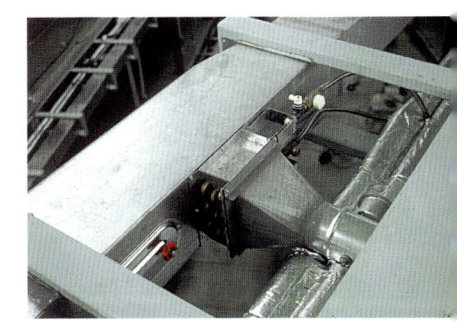

Heizregister

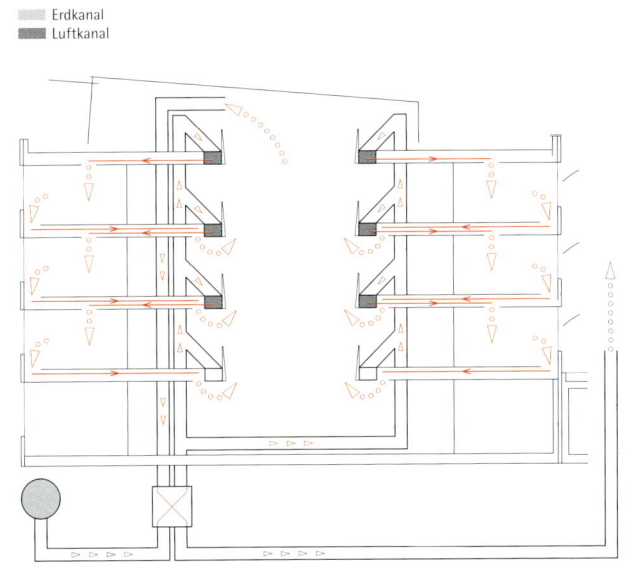

Lüftungs- und Heizungskonzept, M 1:300

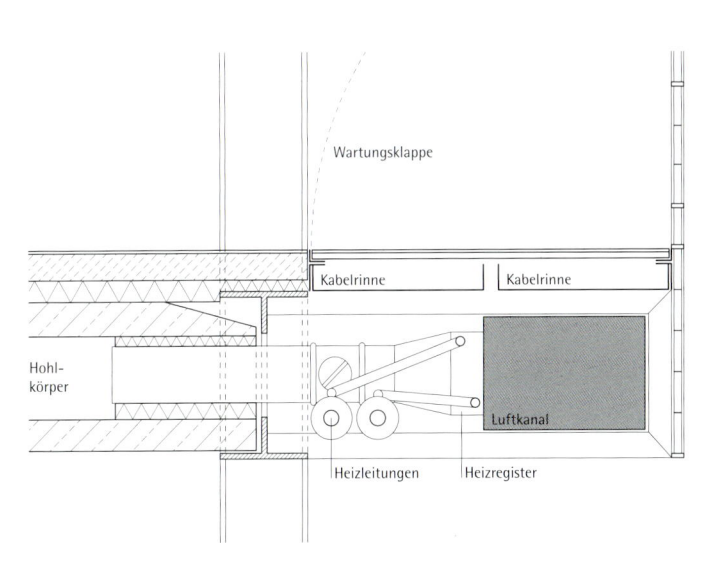

Schnitt Hohlkörperdecke, Installationszone im Kombibereich, M 1:20

Erdkanal mit Kontrollschacht (Rohbau)

Lüftungsklappen in der Fassade des Atriums

Erdkanal

Ein bekriechbarer Erdkanal verbessert die Energiebilanz zusätzlich. Er befindet sich im erweiterten Erdaushubraum des Gebäudes. Die Außenluft wird durch diesen Erdkanal mit einer Länge von 150 m und einem Durchmesser von 80 cm angesaugt. Die Strömungsgeschwindigkeit im Kanal beträgt 3,5 m/s. Zweck des Erdkanals ist es, die Luft im Winter vorzuwärmen und im Sommer zu kühlen und zu entfeuchten. So können die Fenster der Büroräume an heißen Tagen geschlossen bleiben. Eine ausreichende Lüftung ist trotzdem gewährleistet.

Nachtlüftung

Um angenehme Verhältnisse auch in heißen Sommerperioden zu erreichen, werden die Büros nachts mit kühler Außenluft durchspült. Die mechanische Lüftungsanlage sorgt für einen 3- bis 4-fachen Luftwechsel. Dabei wird nur das Zuluftsystem betrieben. Die Abluft kann aus dem Atrium über geöffnete Klappen im Dach direkt ins Freie ausströmen. In der Fassade des Atriums werden zusätzlich Klappen geöffnet, um auch die natürliche Querlüftung zu nutzen.

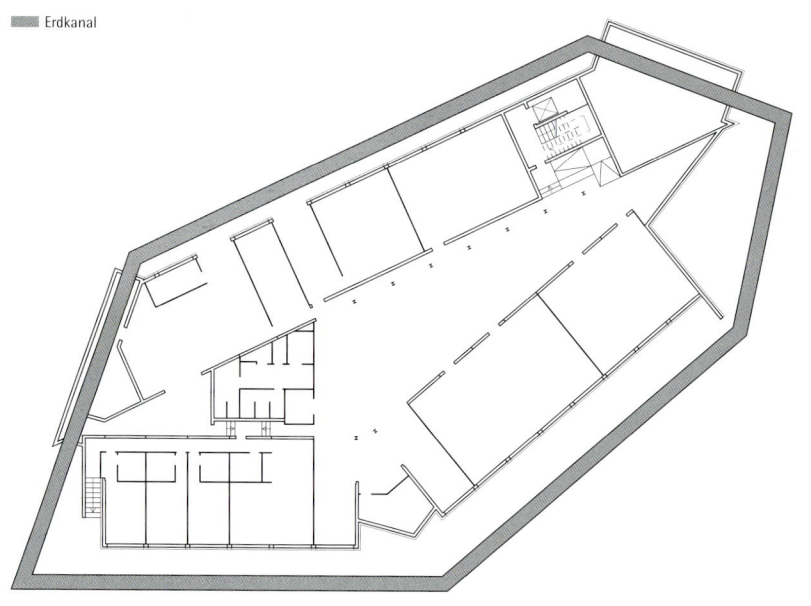

▬ Erdkanal

Lage des Erdkanals, M 1:500

Beleuchtungssteuerung

Durch die Tageslichtlenkung werden die Beleuchtungsstärken ausgeglichen und die Zeiten, in denen Kunstlicht benötigt wird, werden verkürzt. Energie lässt sich aber nur dann einsparen, wenn das Kunstlicht auch tatsächlich abgeschaltet oder gedimmt wird, wenn es hell genug ist. Da dies durch den Nutzer nur unzulänglich erfolgt, wird im L·E·O die Beleuchtung bei ausreichenden Beleuchtungsstärken in Stufen abgeschaltet bzw. gedimmt. Der Nutzer kann diese Vorgaben bei Bedarf jederzeit manuell abändern.

Regenwassernutzungsanlage

Für die Toilettenspülung wurde eine Regenwassernutzungsanlage eingebaut. Aus hygienischen Gründen und aufgrund des geringen Pumpenergiebedarfs wird das Regenwasser in einer Zisterne im Erdreich – Inhalt ca. 40 m^3 – gesammelt und je nach Bedarf in einen kleinen Hochbehälter gepumpt. Durch eine Füllstandsregelung ist gesichert, dass der Hochbehälter immer gefüllt ist. Das Wasser fließt aus dem Hochbehälter in freiem Gefälle in die Spülkästen der WCs und Urinale.

Ansicht

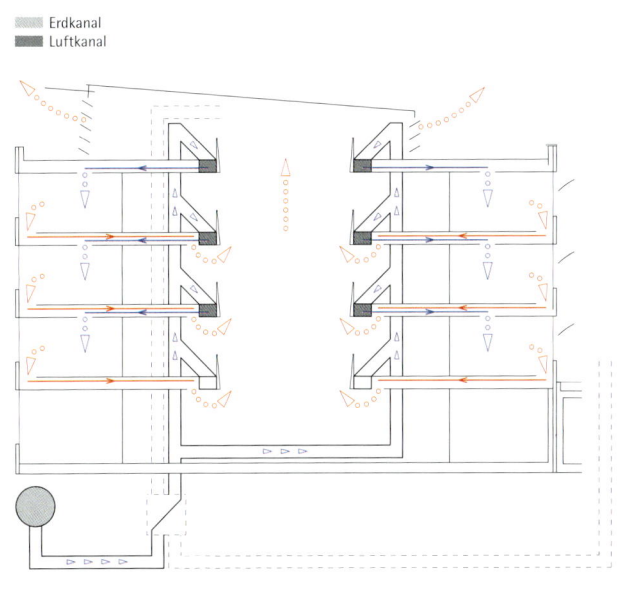

Erdkanal
Luftkanal

Nachtlüftungskonzept, M 1:300

Installationskonzept

Die Versorgung mit Luft, Wärme, Brauchwasser und Strom ist im Vorfeld gut abzuschätzen. Daher kann der dafür erforderliche Platzbedarf sehr genau bestimmt werden.

Der Umfang der Datenleitungen lässt sich in der Planungsphase eines Gebäudes jedoch nur grob vorhersagen. Dieser ist stark von den Anforderungen des Nutzers abhängig und unterliegt einer ständigen Veränderung durch Fortschritte in der EDV- und Kommunikationstechnik. Deshalb muss der Installationsbereich für Datenkabel über Reserven verfügen und leicht zugänglich sein. Jeder Punkt im Gebäude muss versorgt werden können, und die Nachrüstung darf den Betrieb nicht stören.

Im L·E·O übernimmt die vertikale Verteilung ein begehbarer Technikschacht. Dieser erstreckt sich vom Keller bis zum 2. Obergeschoss und ist nur durch Gitterroste horizontal geteilt. In dem Schacht verlaufen die Leitungen für Heizung, Trinkwasser, Regenwasser und Abwasser sowie die Luftkanäle. Die Stark- und Schwachstromleitungen mit den zugehörigen Verteilleitungen sind ebenfalls dort integriert. Vom Installationsschacht zweigen in jedem Geschoss Deckenrandkanäle ab. Diese verlaufen entlang des Atriums und versorgen die einzelnen Büros. Sie sind gut zugänglich und ermöglichen eine leichte Nachinstallation.

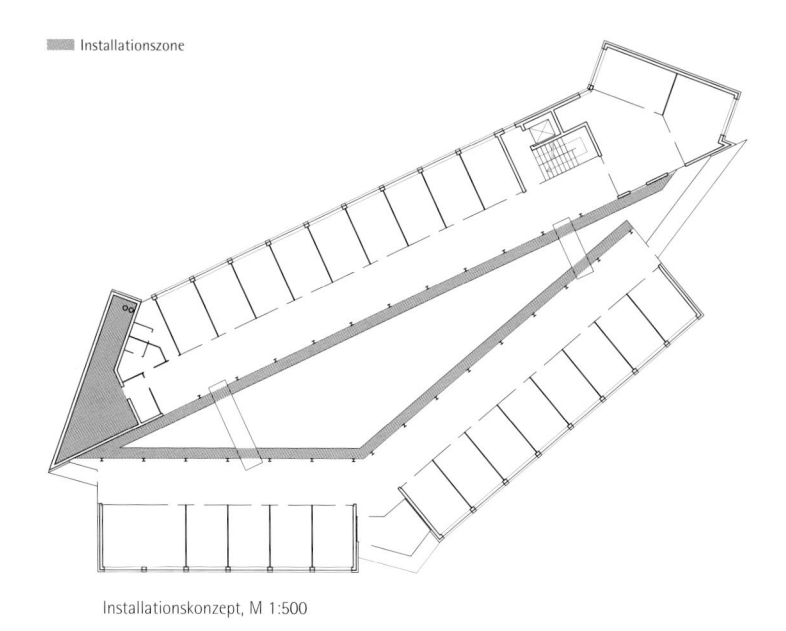

Installationskonzept, M 1:500

Gebäudekosten

Das L·E·O-Gebäude wurde 1994 von einem holländischen Generalunternehmer erstellt. Aufgrund der Besonderheit der Generalunternehmer-Ausschreibung mit Festpreis gab es eine hohe Kostensicherheit. Folgende Tabelle zeigt die Kostenaufstellung:

Gewerk	Kosten
Heizung	237 000,- DM
Lüftung	457 000,- DM
Sanitär	228 000,- DM
Elektro Starkstrom inkl. Beleuchtung	1 077 000,- DM
Elektro Schwachstrom	107 000,- DM
Aufzug	73 000,- DM
Summe Technische Gewerke	2 179 000,- DM
Gebäude einschl. Außenanlagen (netto)	7 425 000,- DM

Erfahrungen

Das Gebäude wurde im Dezember 1994 bezogen, und es liegen Erfahrungswerte für mehrere Winter- und Sommerperioden vor. Energieverbräuche sind für je eine Periode vom Bauherrn ermittelt worden.

Es gab interessante und unerwartete Erfahrungen mit der unkonventionellen Bauweise und Anlagentechnik. Die Temperaturen des Atriums liegen in extremen Wintern nicht wie berechnet bei 17°C, sondern um 2° höher bei ca. 19°C. Dies liegt an der luftführenden Hohlkörperdecke, die einen Teil der Wärme unkontrolliert an das Atrium abgibt. Beim Nutzer gab es anfänglich Akzeptanzschwierigkeiten aufgrund der fehlenden Heizkörper, weil die Wärme nicht mehr direkt fühlbar ist.

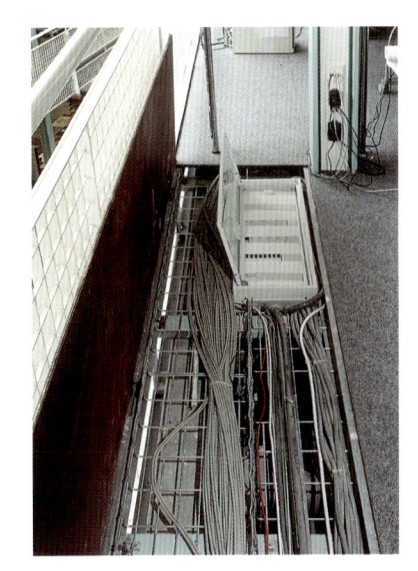

Installationstrasse

Erdkanal und Wärmerückgewinnung

Erdkanal und Wärmerückgewinnung haben sich bewährt. Das Kühlen der Zuluft im Sommer und das Vorwärmen im Winter funktionieren sehr gut. Messungen zeigen, dass die Erdreichtemperatur im Frühling auf 6°–8°C sinkt. Im Herbst liegt sie bei 16°–18°C. Hygienische Probleme des Erdkanals, die im Vorfeld der Planung diskutiert wurden, sind nicht aufgetreten. Temperaturmessungen untermauern die Wirksamkeit des Erdkanals und der Wärmerückgewinnung: Der Erdkanal erwärmt die Außenluft im Winter von ca. –5° auf +5°C. Die Wärmerückgewinnung erhöht die Temperatur dieser Luft auf rund 15°C. Die Luftheizung in den Büros muss die Temperatur nur noch von diesem Niveau aus erhöhen.

Energiebedarf und Energieverbrauch

Bei den in der Planungsphase durchgeführten dynamischen Simulationsrechnungen wurde für die Büroräume vom EG bis 2. OG ein Heizwärmebedarf von 40 kWh/m²a errechnet. Der Heizenergieverbrauch für das gesamte Gebäude betrug im ersten Jahr 68 kWh/m²a. Dieser Wert ist von Jahr zu Jahr durch das Ausbessern baulicher Fehler des Generalunternehmers und ein sich veränderndes Nutzerverhalten gesunken.

In dem errechneten Heizwärmebedarf von 40 kWh/m²a war folgendes nicht enthalten:

- Durch Hinzunahme des beheizten Kellergeschosses und eine dadurch bedingte Änderung der Systemgrenzen erhöht sich auch der spezifische Heizwärmebedarf (ca. +5 kWh/m²a).
- Verluste bedingt durch die Trägheit des Heizsystems und dessen Regelabweichungen (ca. +10 kWh/m²a).
- Verluste bei der Wärmeverteilung
- Verluste bei der Wärmeerzeugung.

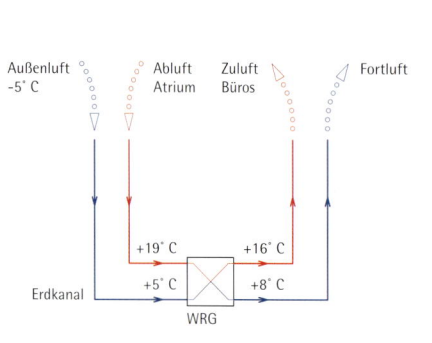

Lüftungs- und Heizungsbetrieb Winter

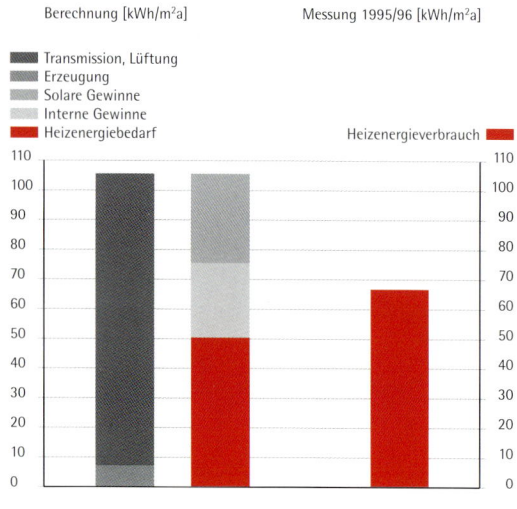

Energiebedarf/-verbrauch

Thermische Behaglichkeit

Das Prinzip der nächtlichen Auskühlung durch Lüften des Gebäudes hat sich bewährt. Bei Tagesaußentemperaturen um 30°C ist das Atrium morgens angenehm kühl (ca. 18°C). Die Büros werden morgens als zu warm (ca. 22° bis 23°C) empfunden. Dies entspricht jedoch den Berechnungen der Simulation.

Die Luftheizung wird mittlerweile von den meisten Nutzern akzeptiert. Im subjektiven Empfinden einiger Nutzer ist sie zu kalt, obwohl objektiv gleiche physiologische Empfindungstemperaturen wie bei einer Radiatorenheizung vorhanden sind. Nach eigenen Aussagen fehlt der warme Heizkörper, den man anfassen und dessen Wärme man fühlen kann.

Zusammenfassung und Ausblick

Die Erfahrungen aus den ersten Betriebsjahren zeigen, dass mit L·E·O ein wegweisendes Niedrigenergiekonzept für Bürobauten realisiert wurde. Der Schlüssel für hohe Energieeinsparungen liegt dabei im architektonischen Entwurf und im baulichen Konzept. Neben der direkten Einsparung durch reduzierte Transmissionswärmeverluste ist dies Bedingung für energie- und kostensparende Anlagenkonzepte. Eine gute Integration der Anlagentechnik (Heizung, Lüftung, Sanitär, Elektro) in das Gebäude gelingt nur bei rechtzeitiger Zusammenarbeit aller Beteiligten. Die Lichtplanung wurde bei Bürogebäuden bisher zu wenig beachtet. Im L·E·O sind durch Lichtlenkmaßnahmen, die Lichtführung durch Oberlichter in den Innenwänden und die Belichtung über das Atrium von den Architekten neue Lösungen entwickelt worden, die sich bewährt haben.

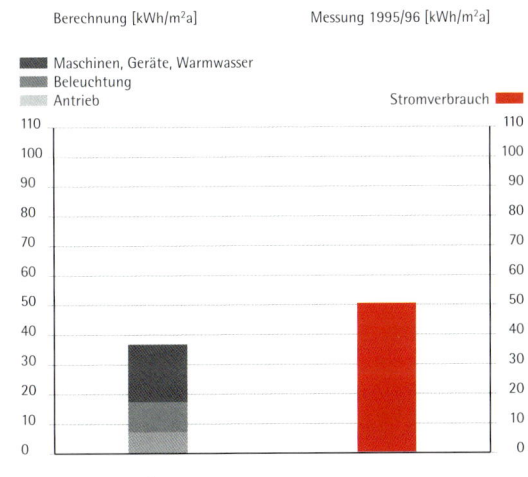

Berechnung [kWh/m²a]   Messung 1995/96 [kWh/m²a]

- Maschinen, Geräte, Warmwasser
- Beleuchtung
- Antrieb
- Stromverbrauch

Strombedarf/-verbrauch

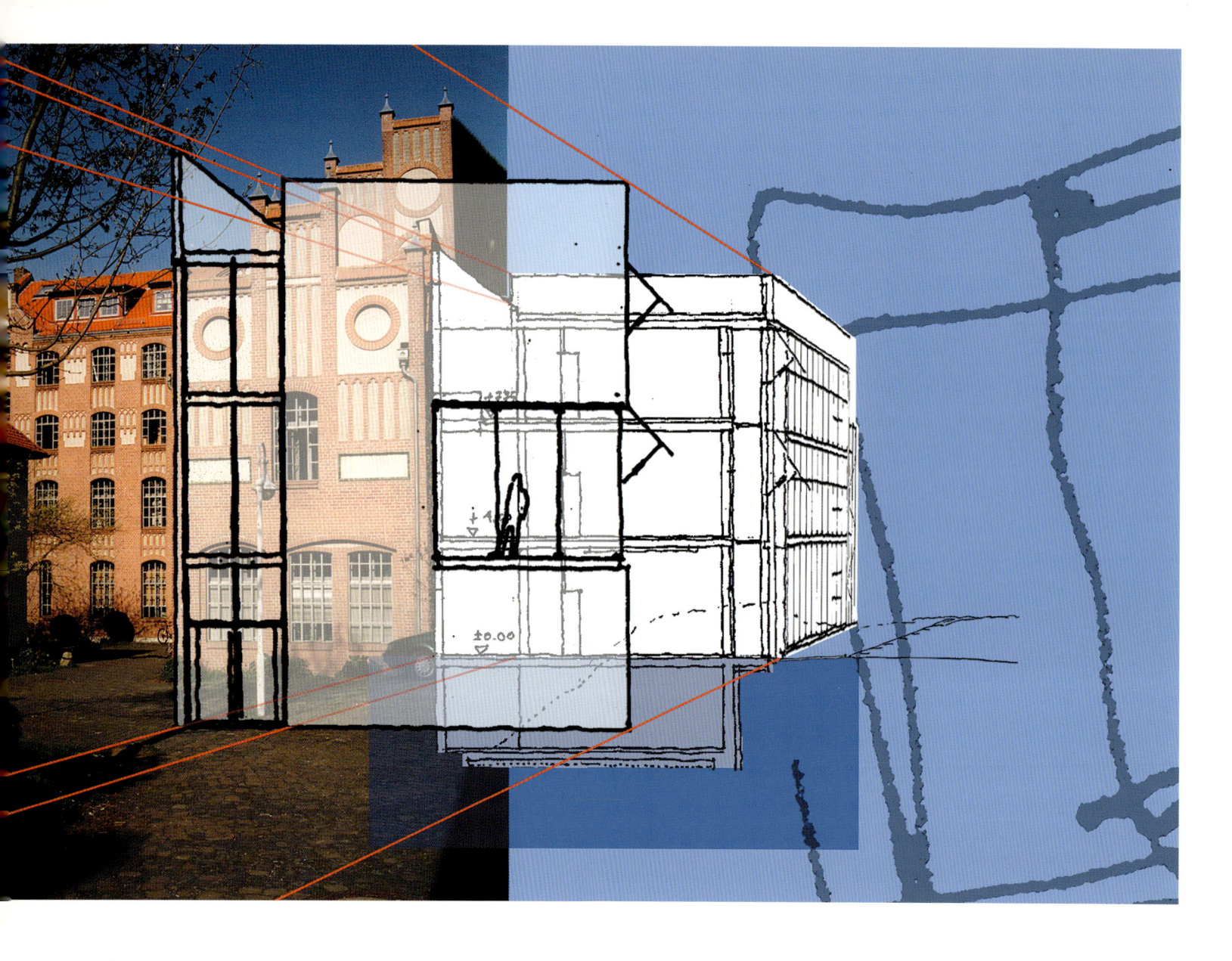

Bauherr
Zentrum für umweltgerechtes Bauen
Prof. G. Hausladen, Prof. G. Hauser
Prof. G. Minke

Projektkonzeption
Wissenschaftliche Begleitung
Universität Kassel
Prof. G. Hausladen, Prof. G. Hauser
M. de Saldanha, T. Maas, A. Geißler

Architekten
Jourdan & Müller PAS, Frankfurt a. M.
Prof. J. Jourdan
In Kooperation mit
Seddig Architekten, Kassel
I. Seddig, R. Fehrmann

Gebäudetechnik
Ingenieurbüro Hausladen
Kirchheim b. München
J. Bauer
In Kooperation mit
Ingenieurbüro Springl, Ingolstadt
P. Springl

Bauphysik
Ingenieurbüro Hauser, Baunatal
Prof. G. Hauser
C. Kempkes

Tragwerksplanung
Bollinger & Grohmann, Frankfurt a. M.
Prof. M. Grohmann

Zentrum für umweltgerechtes Bauen, Kassel

Umweltgerechtes Bauen wirft immer häufiger interdisziplinäre Fragen auf, die nur in enger Zusammenarbeit der unterschiedlichen Fachrichtungen beantwortet werden können. Aus diesem Grund und um Forschungsergebnisse schneller in die Praxis umsetzen zu können, wurde in Kassel das Zentrum für umweltgerechtes Bauen (ZUB) gegründet. Dieses Zentrum soll ein Bindeglied zwischen Universität und Wirtschaft sein und eine Kommunikationsplattform für alle am umweltschonenden Bauen Beteiligten schaffen. Neben einem weitreichenden Dienstleistungsangebot in Forschung und Entwicklung engagiert sich das ZUB in der Aus- und Weiterbildung und in der Öffentlichkeitsarbeit.

Die drei Gründungsmitglieder Prof. Dr.-Ing. Gerhard Hausladen, Prof. Dr.-Ing. Gerd Hauser und Prof. Dr.-Ing. Gernot Minke bilden den Vorstand des Zentrums und sind Bauherren des Demonstrations- und Forschungsgebäudes des ZUB. Der Bau wird von der Europäischen Union und dem Land Hessen gefördert.

Architektur

Städtebaulicher Kontext

Das Grundstück des ZUB befindet sich in der Kasseler Nordstadt auf dem Gelände der Universität. Der Standort wird von industriellen Backsteinbauten des 19. Jahrhunderts geprägt. Ältestes Gebäude auf dem Gelände ist das um 1830 als Gärtnerhaus errichtete verputzte Fachwerkhaus. Um die Jahrhundertwende entstanden die rückwärtig gelegenen Gebäude der Maschinenfabrik Kolben-Seeger und der Firma HaFeKa. Die Architektur dieser Gebäude markiert den Übergang vom Historismus zum Jugendstil. Die Fassaden weisen eine feingliedrige Backsteinornamentik auf.

Die Gebäude der Firma HaFeKa wurden in den 80er Jahren bis auf das freistehende Hinterhaus wegen erheblicher Bauschäden abgerissen. Das Gelände neben der verbliebenen unverputzten Brandwand des Kolben-Seeger-Gebäudes liegt seither brach.

Das Haus des Zentrums für umweltgerechtes Bauen schließt diese Baulücke. Eine Lichtfuge mit Erschließungszone (Eingang und Treppenhaus) fügt sich direkt an den Bestand an und verbindet auf diese Weise Alt und Neu.

Modellfoto Ostansicht

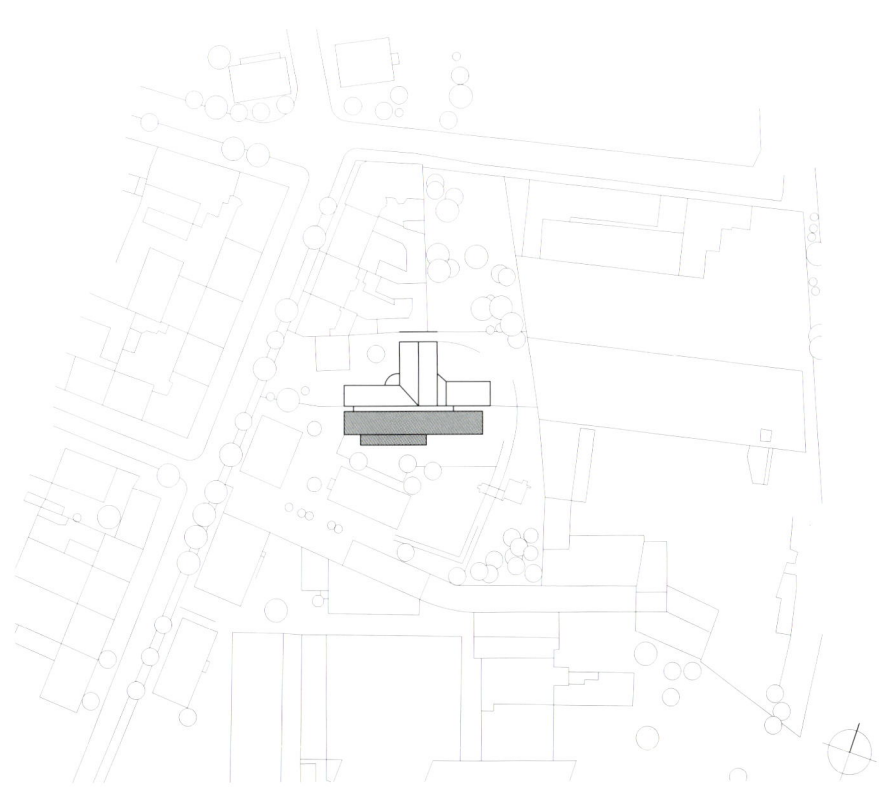

Lageplan, M 1:2500

Bestand Ostansicht

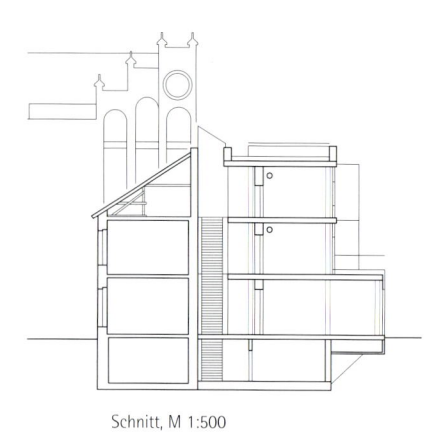

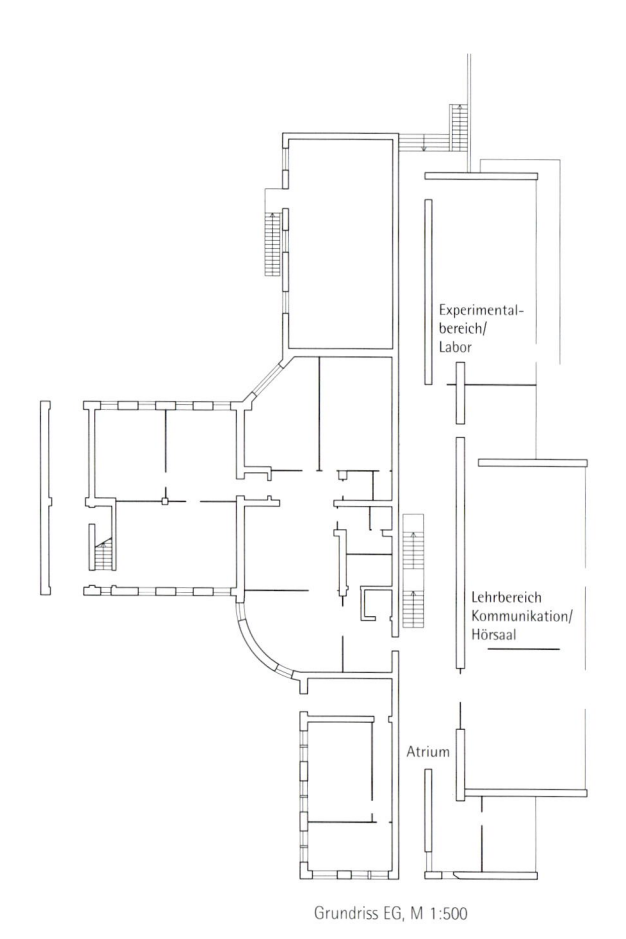

Schnitt, M 1:500

Experimentalbereich/
Labor

Lehrbereich
Kommunikation/
Hörsaal

Atrium

Grundriss EG, M 1:500

Form und Funktion

Das ZUB wird an die Brandwand das bestehenden denkmalgeschützten Universitätsgebäudes (Kolben-Seeger-Gebäude) angebaut. Teile des Bestandes, wie z. B. die Erschließung und die Sanitäranlagen, werden dem Neubau zugeordnet. Dieser hat im wesentlichen drei Gebäudeteile: einen für Ausstellungen und Veranstaltungen, einen für Labor- und Büroräume sowie einen Experimentalbereich, in welchem innovative Fassaden-, Anlagen- und Raumklimatisierungskonzepte realisiert und getestet werden. Um dies zu ermöglichen, besitzen Räume und Fassadenkonstruktion im Experimentalbereich ein hohes Maß an Flexibilität.

Das teilbegrünte Flachdach ist begehbar und bietet Platz für unverschattete Versuchsaufbauten.

Eine Stahlbetonkonstruktion bildet die Tragstruktur, die den Geschosshöhen des Bestandes angeglichen ist. Das konstruktive Stützenraster beruht auf einem wirtschaftlichen Primärsystem von 5,40 m Spannweite und einem Ausbaumodul von 1,35 m Breite.

Architektonisches Ziel ist es, die feingliedrige Ornamentik des Kolben-Seeger-Gebäudes durch eine geometrisch und materialspezifisch klare Formensprache zu ergänzen. Für die südorientierte Hauptfront und die östliche Außenwand wurde eine Vorhangfassade gewählt, während die Westwand aus einer Lochfassade besteht.

Energie

Energiekonzept

Beim Bau des ZUB soll beispielhaft gezeigt werden, wie umweltgerechtes Bauen heute aussehen kann. Energetische Ziele sind ein Heizwärmebedarf von weniger als 20 kWh/m²a, eine weitgehend natürliche Belüftung und Belichtung der Räume, ein gutes sommerliches Wärmeverhalten und die Nutzung aktiver und passiver Sonnenenergie. Die Orientierung des Gebäudes und die kompakte Bauform bieten dafür günstige Voraussetzungen.

Energieversorgung

Bedingt durch den geringen Heizenergiebedarf und das Ineinandergreifen von Alt- und Neubau ist eine energetische Ankopplung an den bereits bestehenden Fernwärmeanschluss aus energetischer und wirtschaftlicher Sicht sinnvoll. Um die im Neubau verbrauchte Heizenergie zu erfassen, wird ein Wärmemengenzähler zwischengeschaltet. Wärmeflussmesser erfassen die Energieströme, die über die Brandwand zwischen Alt- und Neubau fließen. Zu Versuchs- und Demonstrationszwecken können jedoch auch andere innovative Energieerzeugungskomponenten eingebaut werden.

Modellfoto Südansicht

Fassadenmuster

Wärmeschutz

Eine hochwärmegedämmte Gebäudehülle ist Voraussetzung für einen niedrigen Heizwärmebedarf. Die k-Werte der opaken Außenbauteile liegen unter 0,2 W/m²K. Für die Fenster wurde eine Drei-Scheiben-Wärmeschutzverglasung gewählt. Ein geringer Rahmenanteil an den Fassaden vermindert die Wärmeverluste. Wärmebrücke werden durch die sorgfältige Ausbildung der Anschlussdetails vermieden.

Fassade

Die auf der Südseite geplante Hauptfassade wird an die Anlagentechnik angebunden. In Kooperation mit einem Fassadenhersteller wird ein Konzept entwickelt das die Funktionen Tageslichtversorgung, Blendschutz, Bauteilheizung und Zuluftvorwärmung erfüllt. Außerdem können Installationselemente, thermische Kollektoren und Photovoltaikmodule in die Außenwand eingebaut werden.

Die industrielle Vorfertigung der Elemente und die Integration energetischer Funktionen in das Fassadensystem reduzieren die Kosten für die Nutzung von Solarenergie. Dieser Aspekt wird bei zukünftigen Projekten eine wichtige Rolle spielen.

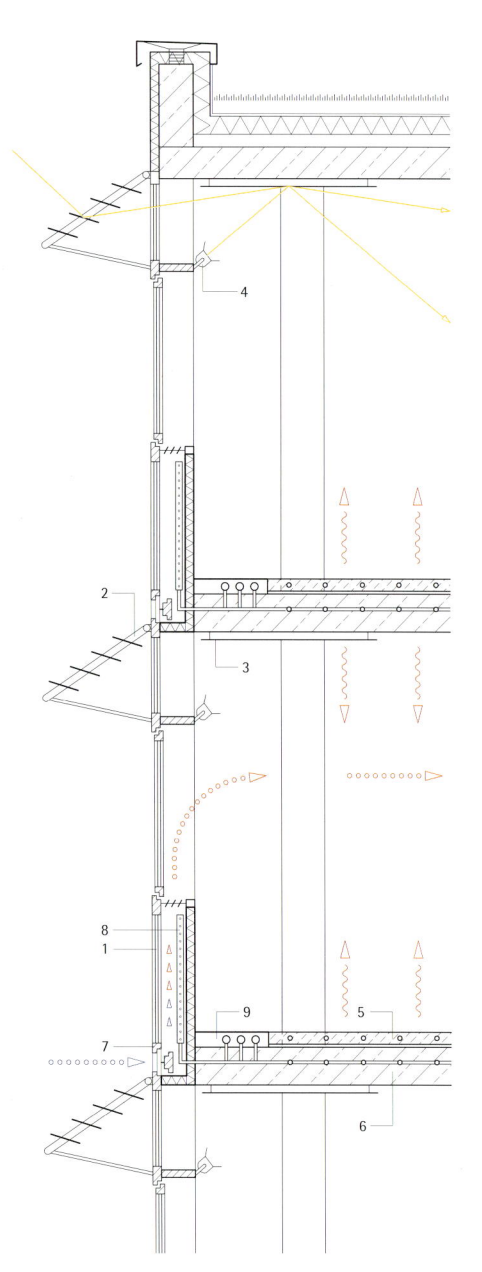

1 Zuluftkollektor
2 kombinierte Verschattung, Lichtlenkung und Schlagregenschutz
3 Deckenreflektor
4 Deckenstrahler
5 Heiz-Kühlestrich
6 Heiz-Kühldecke
7 Zuluftventil
8 Absorber
9 Energiebus

Fassaden-Schnitt, M 1:50

Heizung und Kühlung

Um Heizen und Kühlen mit einem System abdecken zu können, werden die Büroräume mit einem wasserdurchströmten Bauteilheiz- und -kühlsystem temperiert. Im Winter arbeitet dieses System mit niedrigen Vorlauftemperaturen, so dass auch Wärmeerzeuger mit einem niedrigen Temperaturniveau genutzt werden können. Im Sommer erfolgt die Abkühlung des Wassers über die Sohlplatte oder durch nächtliche Kühlung mit Hilfe eines auf dem Dach aufgestellten Rückkühlwerkes. So kann eine mechanische Kälteerzeugung vermieden werden.

Die Rohrschlangen werden sowohl in der Massivdecke als auch im Estrich verlegt. Die einzelnen Heizkreise sind separat regelbar. Dadurch kann zu Forschungszwecken sowohl eine thermoaktive Decke als auch ein Fußboden- bzw. Deckenheiz-/-kühlsystem nachgebildet werden. Zusätzlich sind die Heizkreise raumweise aufgeteilt. Jeder Raum läßt sich also einzeln regulieren.

Eine besondere Betriebsvariante ist der ungeregelte kontinuierliche Betrieb mit einer Bauteiloberflächentemperatur von ca. 23° C. Als Regelgröße für die zentrale Vorlauftemperatur wird die zentrale Rücklauftemperatur verwendet. Die Wärmeabgabe an den Raum wird nur vom Selbstregeleffekt der Bauteilheizung beeinflusst.

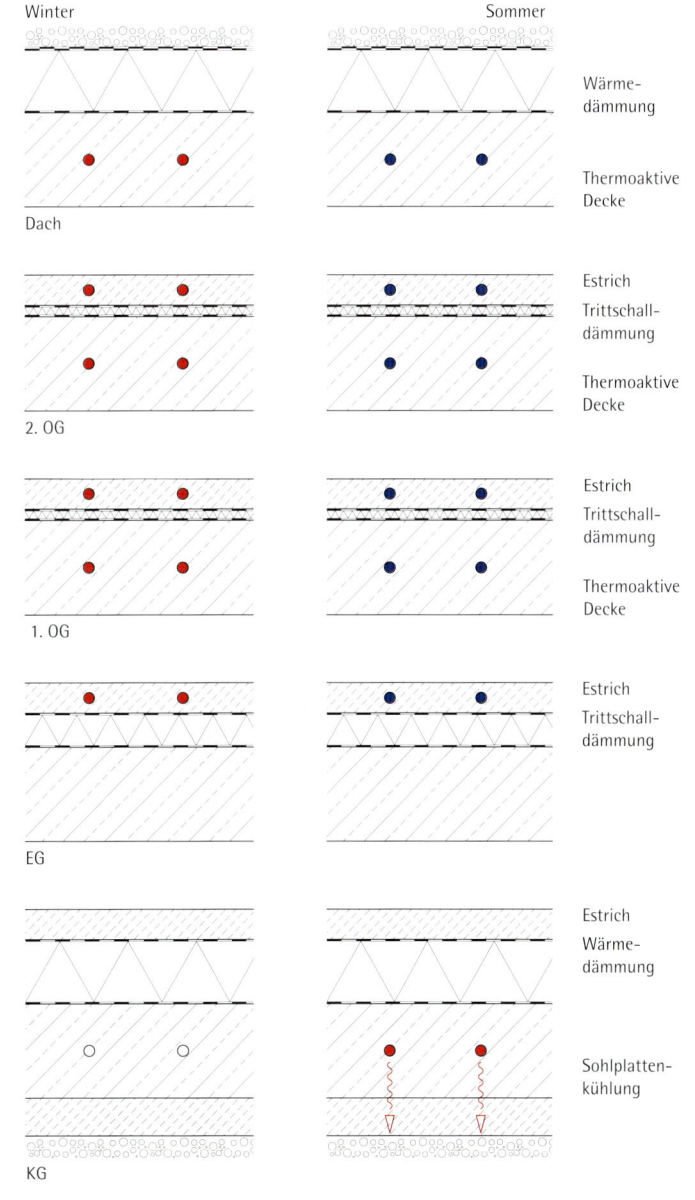

Fußbodenaufbauten, M 1:20

Lüftung

Um die Lüftungswärmeverluste zu beschränken, ist eine mechanische Lüftungsanlage mit Wärmerückgewinnung und Erdkanal vorgesehen. Die Zuluft strömt über einen Erdkanal und die Wärmerückgewinnungsanlage in das Atrium (Lichtfuge) und von dort durch Überströmöffnungen in die Büro- und Laborräume. Die aus den Räumen abgesaugte Abluft wird über Kanäle den Plattenwärmetauschern zugeführt.

Zu Forschungszwecken kann die Strömungsrichtung im Kanalsystem umgekehrt werden. Die Zuluft wird dann den Räumen direkt zugeführt und strömt von dort durch die Überströmöffnungen ins Atrium. Aus dem Atrium wird die Luft abgesaugt.

Der Vortragsraum verfügt über eine separate Zu- und Abluftanlage. Die Luftvolumenströme werden über Qualitätssensoren (CO_2- und Mischgassensoren) gesteuert. Zur Wärmerückgewinnung werden zwei hintereinander geschaltete Plattenwärmetauscher eingesetzt.

Sommerliches Verhalten

Vier Strategien gewährleisten ein gutes sommerliches Verhalten: Da die Sonne im Sommer hoch steht, reduzieren die Südorientierung des Gebäudes und geringe Fensterflächen im Westen den Wärmeeintrag. Mit einem wirkungsvollen Sonnenschutz wird die solare Einstrahlung begrenzt. Die wasserdurchströmten Bauteile, die im Winter der Raumheizung dienen, führen im Sommer kaltes Wasser und kühlen so die Räume. Hinzu kommt die nächtliche Durchlüftung des Gebäudes: Dabei werden die freiliegenden Speichermassen, die tagsüber Wärme aufnehmen, nachts entladen.

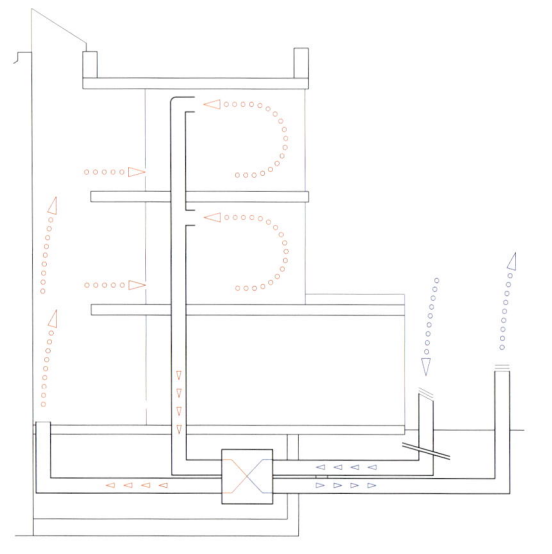

Zuluft über das Atrium, M 1:500

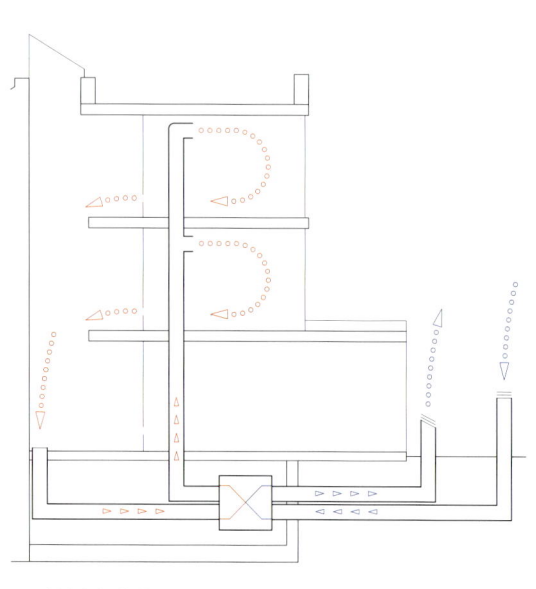

Zuluft in die Räume, M 1:500

Klimawand

Die zentrale Lehmwand, die sich über alle Geschosse erstreckt, ist als „Klimawand" gedacht. Die große Speichermasse der Wand wirkt sich wegen ihrer thermischen Trägheit positiv auf die Temperaturverhältnisse aus (reduziert Schwankungen und Spitzenwerte). Es soll untersucht werden, inwieweit die Wand auch die Feuchteverhältnisse in den Räumen positiv beeinflusst.

Gebäudeleittechnik

Das gesamte Gebäude wird mit einem Installations-Bussystem ausgerüstet. Mit diesem Bussystem werden alle haustechnischen Komponenten wie Temperaturen, Sonnenschutzeinrichtungen usw. gesteuert. Gleichzeitig dienen die Busleitungen auch der Messdatenerfassung. Zudem sollen Energiemanagementsysteme getestet und weiterentwickelt werden.

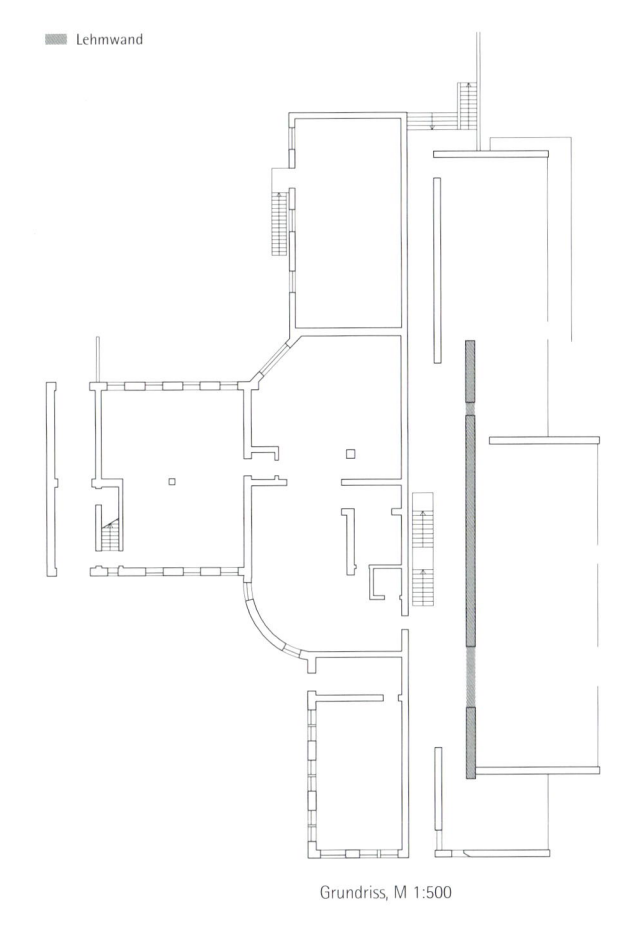

■ Lehmwand

Grundriss, M 1:500

Lehmwand

Integrierte Planung

Die Beteiligung von fünf Professoren aus dem Fachbereich Architektur der Universität Kassel bildet die Grundlage einer interdisziplinären Gebäudeplanung während aller Projektphasen, für alle Gewerke. Schon in der Entwurfsphase konnten dadurch energie- und umweltrelevante Parameter optimiert werden. Insbesondere die gleichzeitige Berücksichtigung gestalterischer, technischer, energetischer und wirtschaftlicher Aspekte ermöglichte ein ausgewogenes Konzept.

Für den Vorentwurf werden die Energieströme und Systemzustände berechnet bzw. simuliert. Diese Ergebnisse gehen in die Analyse von Einsparpotentialen ein. Daraus entstehen neue Konstruktions- bzw. Entwurfsvarianten. Weiterführende Gebäude- und Anlagensimulationen sowie Behaglichkeitsuntersuchungen sind Entscheidungshilfen für das endgültige Konzept.

Modellfoto

Bauforschung

Monitoringprogramm

Im Rahmen eines vom Bundesministerium für Bildung Wissenschaft, Forschung und Technologie geförderten Monitoringprogramms wird das Gebäude über vier Jahre vermessen und wissenschaftlich begleitet. Dazu werden ca. 500 Messstellen im Gebäude installiert. Zusätzlich können mit mobilen Stationen spezielle Messaufbauten für besondere Fragestellungen wie z. B. Raumluftströmungen, Beleuchtungsstärkeverteilungen oder interne Wärmeströme realisiert werden. Mit geschulten „Schnüffelgruppen" werden die Auswirkungen des Lüftungskonzeptes, der Materialien und der Luftwechselraten auf die Luftqualität untersucht. Zusätzlich geben umfangreiche Nutzerbefragungen Aufschluss über die thermische und visuelle Behaglichkeit.

Die Daten werden in einer zentralen Datenbank verwaltet und nach aktuellen Fragestellungen ausgewertet. Die Ergebnisse bilden die Grundlage für die Entwicklung neuer Planungsempfehlungen und für die Validierung von Simulationswerkzeugen. Die Erkenntnisse aus allen Phasen des Planungs- und Bauprozesses fließen außerdem direkt in die Lehre ein.

Forschungsansätze

Folgende prinzipielle Fragestellungen zu den Themen Gebäudelüftung, Raumkonditionierung über die Bauteile, sommerliches Wärmeverhalten und Zusammenwirken der Einzelaspekte im Gesamtsystem sollen aus einer ganzheitlichen, fachübergreifenden Betrachtungsweise heraus bei diesem Projekt bearbeitet werden:

Gebäudelüftung

- Welchen Einfluss haben unterschiedliche Lüftungskonzepte auf die Luftqualität
- Für welche Projekte sind die jeweiligen Konzepte geeignet, welche Konsequenzen ergeben sich für die Anlagen- und Installationstechnik und welche Wechselwirkungen bestehen mit dem Gebäudeentwurf
- Wie wirken sich die einzelnen Lüftungskonzepte auf den Energiebedarf aus
- Welche Rahmenbedingungen müssen für den wirtschaftlichen Betrieb einer Lüftungsanlage gegeben sein und welche Konsequenzen ergeben sich für die Luftqualität
- Welche Auswirkungen ergeben sich für die Anlagentechnik, die Nutzung und den Energieverbrauch durch die Zuluftführung über ein Atrium
- Wie können Lüftungsanlage und natürliche Lüftung zusammenwirken und wie kann das Lüftungskonzept das sommerliche Verhalten verbessern
- Wieviel Antriebsenergie wird benötigt und inwieweit können Wind und thermischer Auftrieb die Lüftung unterstützen

Bauteilheizung und -kühlung

- Unter welchen Voraussetzungen kann eine Bauteilheizung/-kühlung eingesetzt werden
- Welche Konsequenzen ergeben sich für die Nutzung und inwieweit muss der Entwurf darauf abgestimmt sein
- Ist eine behagliche Zulufteinbringung über die Fassade noch möglich
- Sollen Bauteilheizungen in die tragenden Teile integriert werden und welche Konsequenzen ergeben sich daraus für den Bauprozess
- Welche Regelstrategien sind sinnvoll und wie ist das Zusammenspiel mit dem Wärmeerzeuger
- Kann eine Einzelraumregelung realisiert werden
- Welche Besonderheiten ergeben sich, wenn die Bauteilheizung auch zur Kühlung verwendet werden soll

Tageslichtnutzung

- Wie groß ist das energetische Einsparpotential durch Lichtlenkelemente in der Fassade und wie wird das sommerliche Verhalten beeinflusst
- Wie verändern sich visuelle Komfortkriterien wie z. B. Blendung, Kontraste, Lichteinfall, Reflexionen
- Können die Anforderungen für Bildschirmarbeitsplätze erfüllt werden
- Wie muss die künstliche Beleuchtung verändert werden, insbesondere welche Beleuchtungskonzepte und Regelstrategien sind für das Zusammenwirken mit Tageslichtsystemen geeignet
- Wie können Tageslichtsysteme architektonisch integriert werden und wie muss die Konstruktion für unterschiedliche Orientierungen aussehen
- Sind kontinuierlich oder saisonal nachgeführte Systeme besonders vorteilhaft im Vergleich zu nicht nachgeführten Systemen

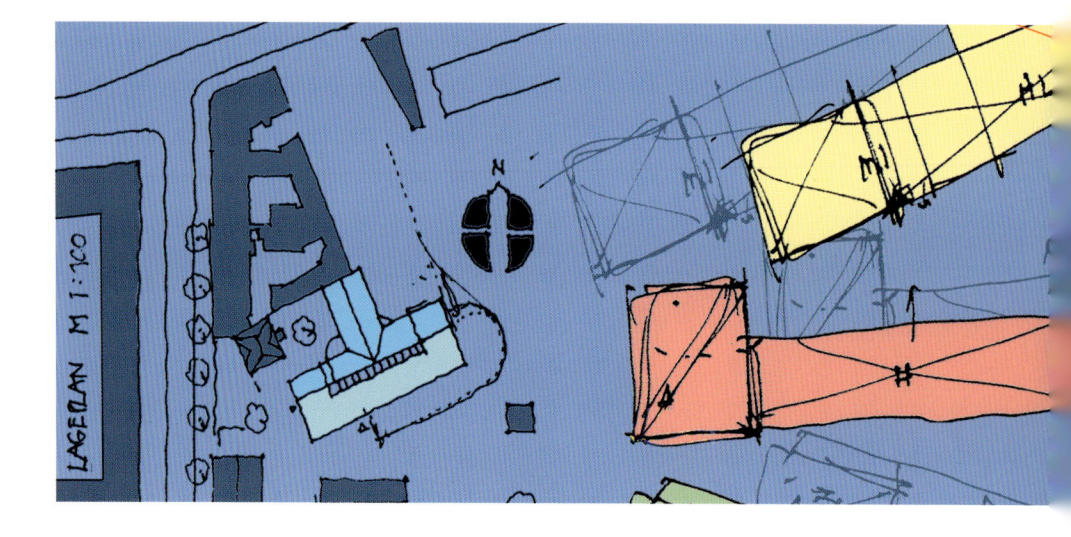

Sommerliches Wärmeverhalten

- Wie können die sommerlichen Wärmelasten vom Gebäude abgehalten werden, ohne die Tageslichtversorgung zu beeinträchtigen
- Welche konstruktiven und architektonischen Konsequenzen ergeben sich durch den Einsatz der Nachtlüftung
- Wie ist die optimale Kombination aus Bauteilkühlung und Kühlung über Luft
- Welche Kühlpotentiale können durch Rückkühlung über die Sohlplatte erschlossen werden
- Welcher Antriebsenergiebedarf ergibt sich für die jeweiligen Systeme

Wechselwirkungen im Gesamtsystem

Das Projekt bietet die Möglichkeit eines umfassenden Planungsansatzes. Es werden neue Erkenntnisse während sämtlicher Planungsphasen und über alle Einzelaspekte des Gebäudes gewonnen, insbesondere auch über die Wechselwirkungen der einzelnen Planungsparameter untereinander. Der Bau des Zentrums für umweltgerechtes Bauen ermöglicht so zahlreiche Erfahrungen und Erkenntnisse, die dazu beitragen werden, ausgewogene Gebäudekonzepte für die Zukunft zu entwerfen.

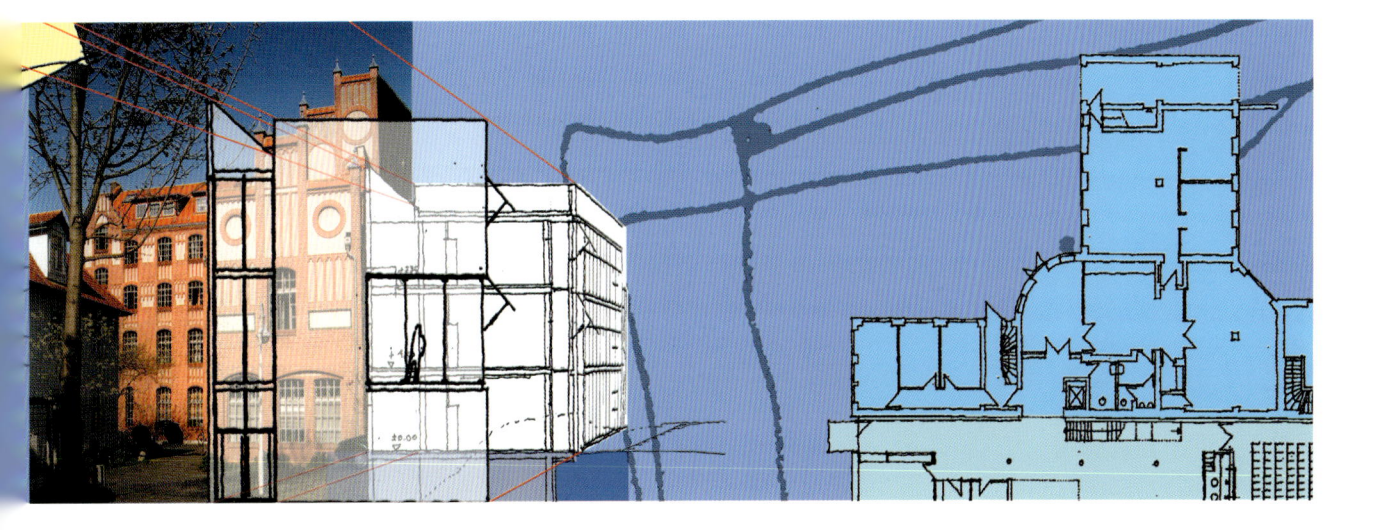

Architekturbüro, Kassel

Bauherr
Hegger, Hegger, Schleiff
HHS Planer & Architekten BDA
Kassel

Architekten
Hegger, Hegger, Schleiff
HHS Planer & Architekten BDA
Kassel
G. Schleiff
G. Greiner

Gebäudetechnik
Ingenieurbüro Hausladen
Kirchheim b. München
Prof. G. Hausladen
J. Bauer

Wissenschaftliche Begleitung
Universität Kassel
Fachgebiet Techn. Gebäudeausrüstung
Prof. G. Hausladen
C. Meyer

Im Westen von Kassel entstand 1995 ein solaroptimiertes Wohn- und Bürogebäude. Verglichen mit den Vorgaben der Wärmeschutzverordnung von 1995 kommt es mit einem mehr als halbierten Heizwärmebedarf aus.

Das zukunftsweisende Gebäudekonzept basiert auf folgenden energiesparenden Merkmalen:

· kompakte Bauweise
· hoher Wärmedämmstandard
· Bauteilspeicherung
· passive Solarenergienutzung
· aktive Solarenergienutzung
· bedarfsgesteuerter Luftwechsel
· schnell regelbares Heizsystem
· Wärmerückgewinnung.

Im Rahmen des Demonstrations- und Forschungsprojektes „Solaroptimiertes Bürogebäude" ist das Gebäudekonzept auf Energieverbrauch, Anlagenregelung und Behaglichkeit überprüft worden. Mit Simulationsrechnungen und Messungen über einen Zeitraum von zwei Jahren wurden die Anlagenfunktion und die Regelstrategie bewertet und auf Verbesserungsmöglichkeiten hin untersucht. Weiteres Ziel des Projekts war es, Hinweise zur Vorbereitung für einen nächsten Optimierungsschritt der Wärmeschutzverordnung zu erhalten.

Die wissenschaftliche Begleitung übernahm das Fachgebiet Technische Gebäudeausrüstung (TGA) der Universität Gesamthochschule Kassel (GhK). Gefördert wurde das innovative Projekt vom Bundesministerium für Bildung, Wissenschaft, Forschung und Technologie (bmb+f).

Gebäudekonzept

Die Gebäudegruppe ersetzt eine im Krieg zerstörte Doppelhaushälfte und schließt mit gleichen First- und Traufhöhen an die Brandwand einer in den 50er Jahren wieder errichteten Haushälfte an. Der jetzt entstandene Neubau hat drei unterschiedliche Nutzungsbereiche: Das dreigeschossige Haupthaus mit Architektur- und Landschaftsplanungsbüro, das zweigeschossige Nebenhaus zum Wohnen und dazwischen die transparente, dreigeschossige Erschließungszone mit Treppenhaus. Das Bürogebäude fügt sich in die Zeile der vorhandenen Doppelhäuser des Straßenzuges ein.

Die folgenden Ausführungen konzentrieren sich auf das Haupthaus. Durch dessen drei nahezu identische Geschosse zieht sich ein viergeschossiger Kernbereich, in den Sanitär- und Nebenräume sowie die gesamte Hausinstallation integriert sind. In seinem obersten Geschoss befindet sich die Energiezentrale. Außerhalb des Kernbereiches sind keinerlei Komponenten der Heizungs- und Lüftungsanlage installiert.

Orientierung und Fassade

Die konsequente Öffnung der Südwest-Fassade und deutlich kleinere Fensterflächen auf den nicht oder nur wenig besonnten Fassadenseiten ermöglichen hohe Wärmegewinne durch solare Einstrahlung. In Verbindung mit anderen Maßnahmen (sehr gute Wärmedämmung, kompakte Bauweise, Lüftung mit Wärmerückgewinnung u. a.) führt die passive Solarenergienutzung zu einem sehr geringen Jahresheizwärmebedarf. Ebenfalls positiv wirkt sich die voll verglaste Giebelwand auf die Lichtverhältnisse im Inneren des Gebäudes und damit auf die Arbeitsbedingungen und den Energiebedarf aus.

Um das Raumklima auch im Sommer beherrschen zu können, kragt das Satteldach weit über die Fassadenebene hinaus und verschattet die südwestorientierte Fassade bei hochstehender Sonne zumindest teilweise. Zusätzlich schützt eine außenliegende Lamellenjalousie vor sommerlicher Überhitzung und Blendung.

Kompakte Bauweise

Der Baukörper mit 390 m² Nutzfläche weist durch seine kompakte Gebäudeform ein günstiges A/V-Verhältnis auf (A/V = 0,43 m^{-1}). Dies wirkt sich positiv auf die Transmissionswärmeverluste aus.

Ansicht

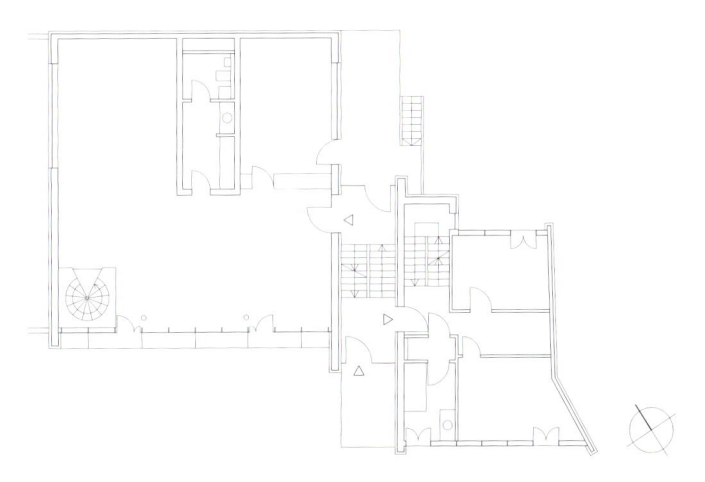

Schnitt, M 1:300

Grundriss, M 1:300

1 Dachaufbau:
   Aluminiumwelle
   Traglattung 38/58 mm
   Konterlattung 38/58 mm
   Dachdichtungsbahn
   Aufsparrendämmung
   Dampfbremse
   Birkensperrholz 18mm
   Sparren/Riegel aus
   Brettschichtholz 60/300 mm

2 Fassadenabschluss:
   Dichtungsband (umlaufend)
   Multiplanplatte 31 mm
   Winddichtungspapier
   Wärmedämmung
   Dampfbremsfolie
   Multiplexplatte aus Birke 20 mm

3 3-fach Wärmeschutzverglasung
   k-Wert 0,4 W/m²K

4 Stahlgitterrost, verzinkt

5 Stahlschwert, 8 mm
   mit Kopfplatte

6 Stahlseil 10 mm

7 Sonnenschutzlamellen

8 Fassadenpaneel:
   Anpressprofil
   Multiplanplatte 31 mm,
   Winddichtungspapier,
   Wärmedämmung 2x100 mm
   Dampfbremse

9 Pfosten-Riegel-Konstruktion
   mit Alu-Pressleiste auf
   Leimholz 300/60 mm

10 Holzfenster mit 3-fach Wärmeschutzverglasung

11 Deckenaufbau:
   Naturstein Anröchter-Dolomit
   30 mm, im Mörtelbett
   Zementestrich 40 mm
   PE-Folie
   Trittschalldämmung 5 mm
   Stahlbetondecke 250 mm
   Unterseite Sichtbeton

12 Ableitprofil, antidröhn beschichtet

13 Wandaufbau:
   Aluminiumblechschürze 3 mm
   Wärmedämmung 2x60 mm
   Dampfbremse
   Stahlbetonbrüstung 200 mm

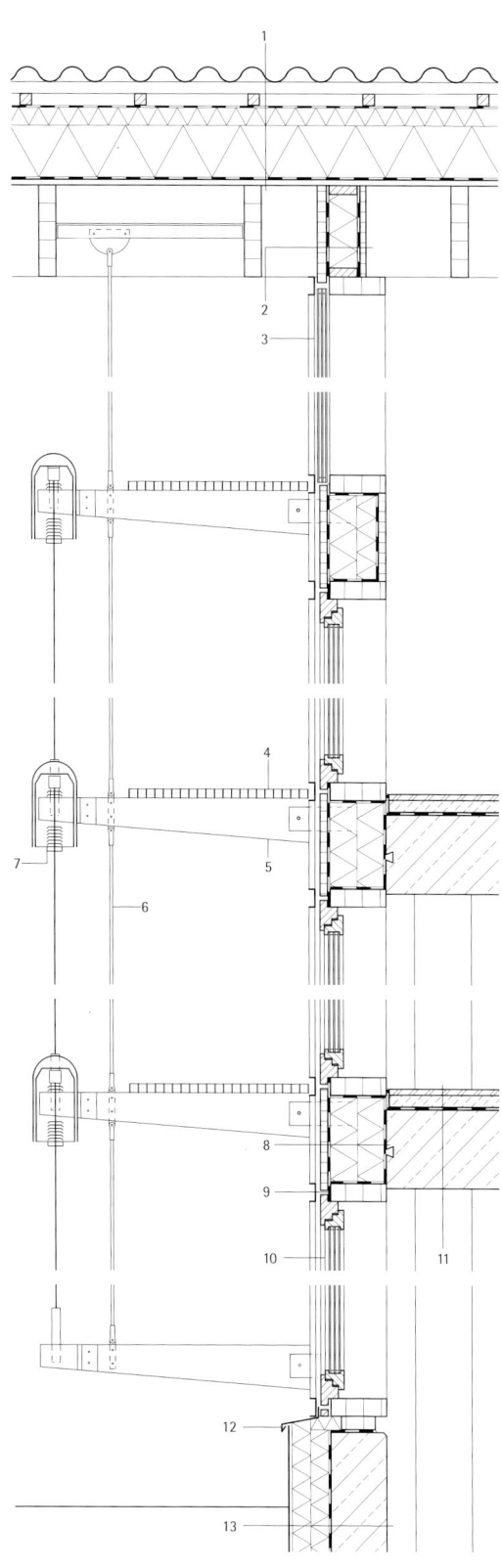

Fassaden-Schnitt, M 1:25

Erhöhte Wärmedämmung

Der Transmissionswärmebedarf wurde durch eine gute Wärmedämmung der einzelnen Außenbauteile auf ein Minimum reduziert. Besonderes Augenmerk galt der Vermeidung konstruktiv bedingter Wärmebrücken.

Die Außenwände, die Bodenplatte und das Dach weisen einen mittleren k-Wert von 0,20 W/m²K auf. Die Fenster- und Fassadenelemente sind als Holzrahmenkonstruktion mit einer 3-fachen Wärmeschutzverglasung erstellt und erreichen so einen k_F-Wert von 0,70 W/m²K.

Es wurden folgende Dämmwerte realisiert:

Bauteil	k-Wert [W/m²K]
Außenwand (mit Dämmung)	0,24
Verglasung ohne Rahmen (k_V)	0,40
Verglasung mit Rahmen (k_F)	0,70
Dach	0,17

Große Speichermassen

Massive Bauteile wie Stahlbetondecken und gemauerte Wände wirken als thermische Puffer und haben so einen ausgleichenden Einfluss auf das Klima eines Gebäudes.

An heißen Sommertagen nehmen sie Wärme aus der Raumluft auf und helfen so, eine Überhitzung der Räume zu vermeiden. Durch die nächtliche Durchlüftung entladen sich die thermischen Speicher und sind dann einsatzbereit für den nächsten heißen Tag.

In den Übergangs- und Wintermonaten nehmen sie den Überschuss an tagsüber eingestrahlter Solarwärme auf, der andernfalls zu unangenehm hohen Raumtemperaturen führen würde und abgelüftet werden müsste. Am Abend und in der Nacht trägt die eingelagerte Solarwärme dann zur Beheizung des Gebäudes bei. Auf diesem Weg helfen thermische Speichermassen, eingestrahlte Solarenergie zu einem größeren Teil nutzbar zu machen.

Bei der Gebäudeplanung wurde deshalb besonderer Wert auf freiliegende massive Bauteile gelegt. Auf Wand- und Deckenverkleidungen wurde fast vollständig verzichtet.

Der Fußbodenbelag ist aus dunkelfarbigem Naturstein. Um eine gute thermische Anbindung an die massiven Stahlbetondecken zu gewährleisten, wurde zwischen Bodenbelag und Deckenkonstruktion nur eine sehr dünne Trittschalldämmung eingebaut. Die raumakustischen Nachteile durch die unverkleideten, akustisch harten Bauteiloberflächen werden durch schallabsorbierende Möbeloberflächen ausgeglichen.

Low-Olf
(Geringe Geruchs- und Schadstoffbelastung der Luft)

Eine Verringerung der Luftbelastung gestattet bei gleichbleibender Luftqualität eine Reduzierung des Luftaustausches und damit der Lüftungswärmeverluste eines Gebäudes. Dadurch kann besonders in Bürogebäuden erheblich Energie eingespart werden.

Die Kohlendioxidkonzentration, die häufig zur Bewertung der Raumluftqualität herangezogen wird, ist tatsächlich nur eine aus einer Vielzahl möglicher Beimengungen, die die Raumluft belasten. Eine umfassende Betrachtung der Raumluftqualität sollte auch folgende Verunreinigungsquellen berücksichtigen:

- Schadstoffbelastung der Außenluft
- zusätzliche Luftverunreinigungen durch Lüftungsanlagen
- im Innenraum verwendete Baustoffe, Einrichtungsgegenstände und Arbeitsmaterialien
- Raucher.

Um die Schadstoff- und Geruchsemissionen so gering wie möglich zu halten, wurden im vorliegenden Beispiel im Innenraum, für Bodenbeläge und Anstriche nur Materialien verwendet, von denen keine oder nur geringe Schadstoffabgaben zu erwarten sind. Auf Raumtextilien, die als Geruchsfänger wirken, wurde vollständig verzichtet. Im gesamten Gebäude herrscht Rauchverbot. Die daraus resultierende niedrige Luftbelastung trägt wesentlich zur guten Luftqualität bei. Die durchgeführten Untersuchungen und Messungen haben gezeigt, dass der Luftaustausch gegenüber herkömmlich gebauten und eingerichteten Gebäuden damit deutlich verringert werden kann.

Die durch den Geruchssinn des Menschen wahrnehmbare Luftqualität wird neuerdings in der Einheit „olf" angegeben. Die Planung von Low-Olf-Gebäuden wird eine wesentliche Aufgabe der Zukunft sein. Unter anderem durch die Verbesserung der Raumluftqualität kann es gelingen, Sick-Building- und Building-Illness-Syndrome zu „heilen" und damit der Erkrankung des Menschen vorzubeugen.

Innenansicht Fassade

Luftdichtheit

Die Luftdichtheit eines Gebäudes spielt eine entscheidende Rolle, um unkontrollierbaren, unbeabsichtigten Luftaustausch und damit unnötige Lüftungswärmeverluste zu vermeiden. Sie lässt sich zum Beispiel mit der „Blower-Door" Messmethode überprüfen. Dabei wird mittels eines Ventilators im Gebäude ein Unter- oder Überdruck von 50 Pa erzeugt. Die bei dieser Druckdifferenz gemessene Luftwechselrate wird als n_{50}-Wert bezeichnet und dient der Bewertung der Gebäudedichtheit.

Um die Qualität der Bauausführung zu überprüfen, wurde eine „Blower-Door"-Messung durchgeführt. Die erste Messung ergab eine Dichtheit von $n_{50} = 1,8\ h^{-1}$. Durch Nachbesserungen konnte der für Niedrigenergiehäuser angestrebte Wert von $n_{50} = 1\ h^{-1}$ erreicht werden.

Thermische Behaglichkeit

Das thermische Behaglichkeitsempfinden des Menschen wird maßgeblich von der Lufttemperatur, der Luftbewegung und der Oberflächentemperatur der Raumhüllflächen beeinflusst. Grundsätzlich sollten Luft- und Oberflächentemperatur nur geringfügig voneinander abweichen und die Luftgeschwindigkeiten gering sein.

Durch die gute Wärmedämmung der opaken Außenbauteile sowie die hochwertige Verglasung der Fassade und der Fenster des Gebäudes wird die Einhaltung dieser Forderungen begünstigt. Aus den niedrigen Wärmedurchgangskoeffizienten resultieren Oberflächentemperaturen, die nur geringfügig unterhalb der Raumlufttemperatur liegen.

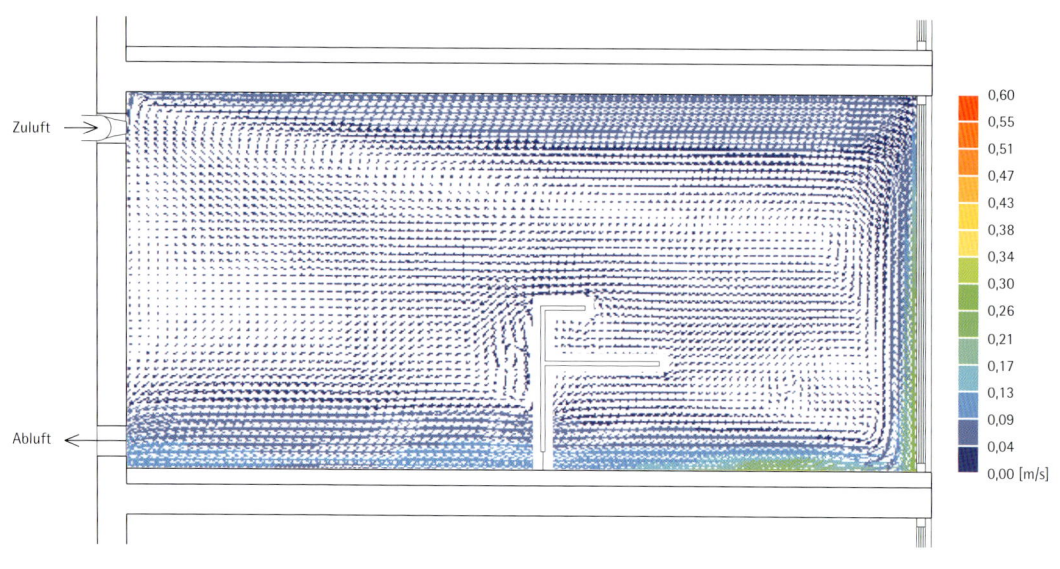

Schnitt EG, Strömungsgeschwindigkeit: Max. Luftwechsel (1,2 h^{-1}), Zulufttemperatur 30°C, keine internen Wärmequellen, M 1:50

Thermische und strömungstechnische Berechnungen

Wir haben uns die Frage gestellt, ob es im vorliegenden Fall möglich ist, auf Heizflächen an der Fassade zu verzichten und die gesamte Installationstechnik auf den Kernbereich des Gebäudes zu konzentrieren. Das hat den Vorteil, dass Heizleitungen nicht durch das gesamte Gebäude gelegt werden müssen, sondern sich kurze und nachträglich gut kontrollierbare Installationswege ergeben. Um die Behaglichkeitsverhältnisse bewerten zu können, wurden thermische und strömungstechnische Berechnungen (Simulationen) durchgeführt.

Das Simulationsmodell zeigt einen Querschnitt durch das Erdgeschoss des Bürogebäudes. Der gewählte Schnitt ist im Hinblick auf Zugerscheinungen sehr kritisch zu beurteilen, da sich hier die verglaste Südwestfassade und einige der um den Kernbereich verteilten Zuluftdüsen direkt gegenüber liegen. Dort befindet sich das Sekretariat beziehungsweise die Empfangstheke mit zwei ständigen Arbeitsplätzen.

Eine der wichtigsten Fragen war, ob hinter der verglasten Fassade Maßnahmen zur Vermeidung von Kaltluftabfall notwendig seien. Kaltluftabfall entsteht an kalten, vertikalen Oberflächen, an denen sich die Raumluft abkühlt, durch ihre erhöhte Dichte abfällt und in Bodennähe als kalter Luftzug in den Raum strömt. Luftgeschwindigkeiten von mehr als 0,2 m/s werden als unangenehm empfunden.

Die Simulation zeigt, dass die Geschwindigkeit der Luft fast im gesamten Raum weniger als 0,15 m/s beträgt, also keine Probleme bereitet. Lediglich in direkter Nähe der Glasfassade und im vorderen Viertel des Fußbodens werden bei extremen Außentemperaturen ab $-10°C$ Luftgeschwindigkeiten von bis zu 0,25 m/s erreicht. Solche Außentemperaturen herr-

Schnitt EG (Büro), Temperaturfeld: Max. Luftwechsel (1,2 h^{-1}), Zulufttemperatur 30°C, keine internen Wärmequellen, M 1:50

Installationskern mit Luftauslässen

schen aber nur selten während der Bürostunden. Die Erfahrung der ersten beiden Nutzungsjahre bestätigt das Rechenergebnis. Es gab keine nennenswerten Beschwerden über Unbehaglichkeit. Dieses positive Ergebnis ist im wesentlichen auf die 3-fache Wärmeschutzverglasung der Fassade zurückzuführen.

Eine weitere wesentliche Frage bei diesem Bauwerk war die nach der Temperaturschichtung über die Raumhöhe. Bedingt durch die Wärmezufuhr in Deckennähe und vom Kernbereich aus, wurden zu große Temperaturunterschiede zwischen Bodennähe und Kopfhöhe befürchtet. Die Temperaturänderung über die Raumhöhe, der sogenannte vertikale Temperaturgradient, sollte 2 K/m nicht überschreiten.

Die Simulation zeigt, dass sich in dem hochwärmegedämmten Gebäude in Bodennähe Lufttemperaturen um 20°C und in 2 m Höhe um 22°C einstellen. Das entspricht einem vertikalen Temperaturgradienten von 1 K/m. Damit wird der empfohlene Grenzwert selbst bei der angenommenen Außentemperatur von –10°C eingehalten. Bei einem schlecht wärmegedämmten Gebäude wären Temperaturgradienten von 3–4 K/m zu erwarten – die Behaglichkeit wäre erheblich reduziert. Dann hätte ein anderes Heizungs- und Lüftungskonzept gewählt werden müssen.

Anlagentechnik

Heizungs- und Lüftungskonzept

Bei Gebäuden mit guter Wärmedämmung, die nur noch geringe Transmissionswärmeverluste aufweisen, entsteht häufig mehr als die Hälfte des Heizwärmebedarfs durch Lüftung. Eine weitgehend luftdichte Gebäudehülle vorausgesetzt, wird der Lüftungswärmebedarf maßgeblich vom Lüftungsverhalten des Gebäudenutzers beeinflusst. Mechanische Lüftungsanlagen können dazu beitragen, einen definierten Luftwechsel im Gebäude herzustellen. So wird eine hygienisch einwandfreie Luftqualität sichergestellt, ohne unnötige – unbedachte – Lüftungswärmeverluste in Kauf nehmen zu müssen. Zusätzlich besteht die Möglichkeit, in der Abluft enthaltene Wärme zurückzugewinnen und sie der Zuluft zuzuführen.

Der Heizwärmebedarf des hier vorgestellten Gebäudes ist so gering, dass er durch Erwärmung des aus hygienischen Gründen ohnehin notwendigen Zuluftstroms gedeckt werden kann. Außerdem ist in Gebäuden mit hohem Verglasungsanteil ein Heizsystem vorteilhaft, das schnell auf veränderte Sonneneinstrahlung reagieren kann. Deshalb entschied man

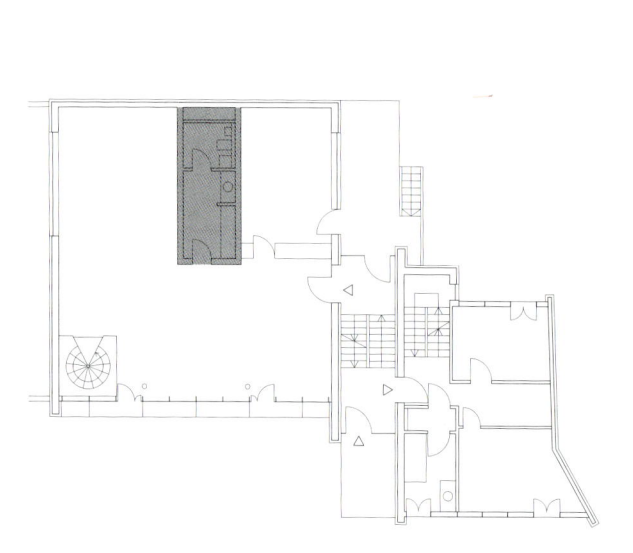

Installationskern EG, M 1:300

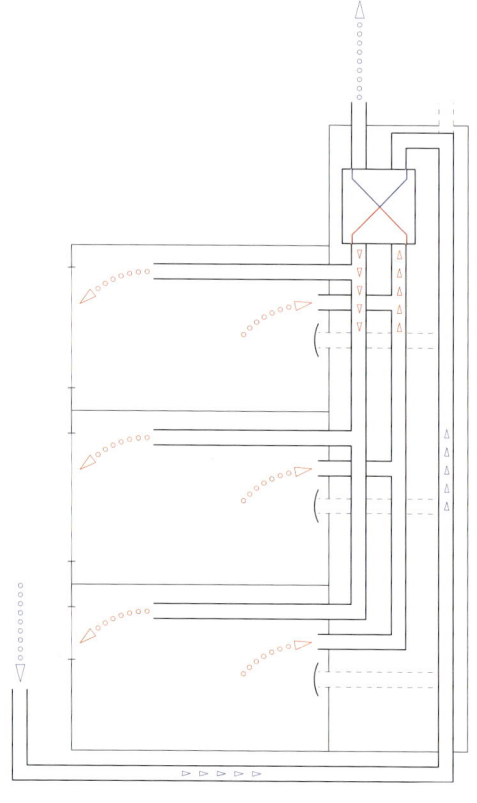

Lüftungsschema Winter,
Betrieb bei Außentemperaturen unter 0°C,
Luftansaugung durch Erdkanal, WRG und
Zulufterwärmung auf max. 50°C

sich für eine Kombination aus Lüftungs- und Heizungssystem. Die Wärmezufuhr kann damit flexibel geregelt werden.

Die maximale Zulufttemperatur beträgt 50°C. Als Wärmeerzeuger dient eine kleine Gasbrennwerttherme, die auch das Nebenhaus mit Raumwärme und Warmwasser versorgt. Die Therme ist mit dem zentralen Zu- und Abluftgerät in der Technikzentrale im vierten Geschoss des Kernbereichs untergebracht.

Die Zuluft wird über Düsen, die sich in der Wand des Kernbereichs befinden, in die Büroräume eingeblasen. Von dort strömt die Luft durch erhöhte Türspalte in den Kernbereich zurück, wo sie abgesaugt und zur Wärmerückgewinnung in das zentrale Lüftungsgerät mit Plattenwärmetauscher gelangt. Ein Umluftbetrieb ist während der Bürobenutzung nicht vorgesehen.

Zur Luftvorwärmung im Winter bzw. Luftvorkühlung im Sommer wird die Außenluft durch einen Erdkanal angesaugt. Die Gesamtlänge des doppelrohrigen Kanals beträgt 16 m.

Um die Temperaturverhältnisse des Gebäudes im Sommer zu verbessern, besteht die Möglichkeit der nächtlichen Lüftung. Dadurch werden die tagsüber aufgeladenen thermischen Speichermassen nachts entladen. Während der Nachtlüftung erzeugt ein eigens für diesen Zweck vorgesehener Ventilator eine Luftwechselrate von 3,5 h^{-1} im Gebäude. Als Nachströmöffnungen dienen schmale, regen- und einbruchssichere Fenster, die gefahrlos über Nacht geöffnet bleiben können.

In den Büros wurde auf eine zentrale Warmwasserversorgung verzichtet. In der Teeküche ist ein elektrisch betriebener Untertischspeicher installiert, während an den Handwaschbecken in den Toilettenräumen nur kaltes Wasser zur Verfügung steht.

Ein Teil des Stromverbrauchs des Bürogebäudes wird von einer Photovoltaikanlage gedeckt. Die Solarzellen sind in das leicht geneigte Glasdach des Treppenhauses integriert und bilden eine Einheit mit dem Verbundsicherheitsglas. Stromüberschüsse werden in das öffentliche Stromnetz eingespeist.

Photovoltaikelemente über dem Eingang

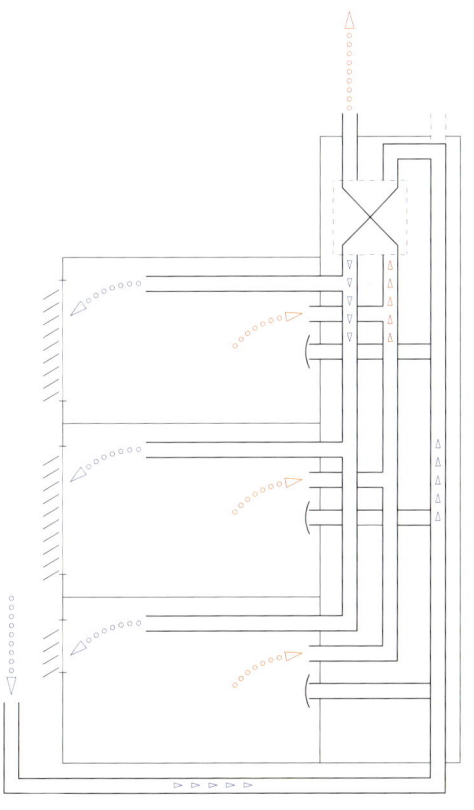

Lüftungsschema Sommer (Tag).
Bei Temperaturen über 24°C wird der Erdkanal zur Vorkühlung der Frischluft zugeschaltet

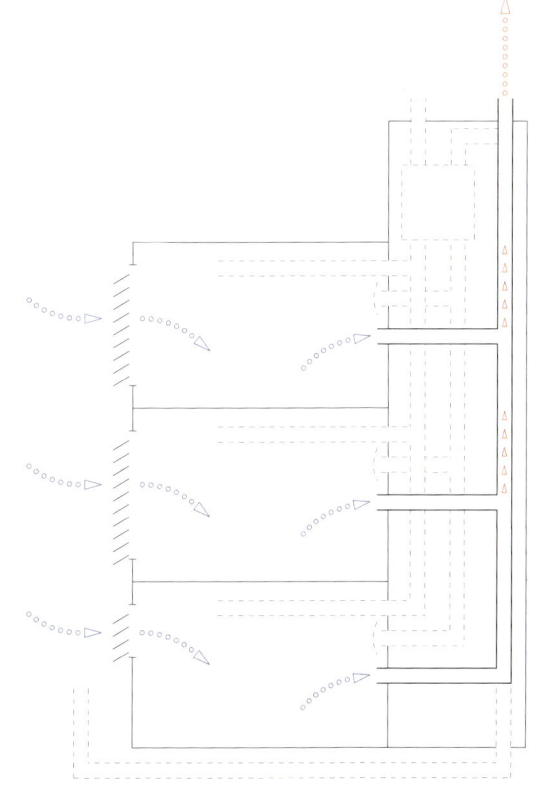

Lüftungsschema Sommer (Nacht)

Regelungsstrategien

Kernstück der Heizungs- und Lüftungsanlage ist das zentrale Zu- und Abluftgerät mit Plattenwärmetauscher und drehzahlvariablen Zu- und Abluftventilatoren. Raumtemperatur, Luftwechsel und Nachtlüftung werden geschossweise geregelt. Aus diesem Grund sind im Zuluftkanal jedes Geschosses ein Heizregister und ein Volumenstromregler eingebaut.

Bei der Entwicklung der Regelungsstrategie wurde versucht, einerseits dem Nutzer Eingriffsmöglichkeiten in die Funktion der Heizungs- und Lüftungsanlage zu lassen, andererseits aber die Gefahr der Fehlbedienung und den daraus eventuell resultierenden Energiemehrverbrauch weitestgehend auszuschließen. Dazu dienen speziell entwickelte Bedienungselemente, die in jedem Geschoss an gut zugänglicher und sichtbarer Stelle neben der Eingangstür zum Kernbereich angeordnet sind. Das Bedienungselement enthält einen Regelknopf für die gewünschte Raumtemperatur und einen Schalter, an dem Hand- oder Automatikbetrieb eingestellt werden kann. In der Zentrale wird das Zeitprogramm gewählt und ein Wert für die Luftqualität (CO_2-Gehalt und Mischgaskonzentration) vorgegeben. Bei Handbetrieb läuft die Anlage unabhängig von der Tageszeit oder dem Wochentag und stellt die gewünschte Raumtemperatur und die vorgegebene Luftqualität ein. Bei Automatikbetrieb fährt die Anlage nach einem in der Zentrale eingestellten Betriebsprogramm und unterscheidet nach Tag-, Nacht- und Wochenendbetrieb. An Werktagen wird die programmierte Solltemperatur eingehalten, die Luftwechselrate stellt sich entsprechend der kontinuierlich gemessenen Luftqualität beziehungsweise der aktuellen Heizlast ein. Heizung und Lüftung werden geschossweise automatisch abgeschaltet, sobald in dem jeweiligen Geschoss ein Fenster geöffnet wird. Nachts und an Wochenenden wird die Solltemperatur auf 15°C abgesenkt.

Die Nachtlüftungsfunktion im Sommer wird aktiviert, indem mindestens ein Fenster- beziehungsweise Lüftungsflügel in dem betreffenden Geschoss geöffnet wird. Ob die Nachtlüftung automatisch anspringt, hängt von den um 23 Uhr herrschenden Raum- und Außenlufttemperaturen ab.

Fenster und Luftnachströmelement (Innenansicht)

Fenster und Luftnachströmelement (Außenansicht)

Die Wärmerückgewinnung wird bei Außenlufttemperaturen über 10°C umgangen. Der Erdkanal wird im Sommer bei Außentemperaturen über 24°C in Betrieb genommen. Im Winter wird er bei Temperaturen von weniger als 0°C zur Luftvorwärmung eingesetzt. Bei moderaten Außentemperaturen hätte er wegen der geringen Temperaturdifferenz zwischen Außenluft und Erdreich keine nennenswerte Wirkung, sein Betrieb würde aufgrund der längeren Leitungswege aber einen erhöhten Stromverbrauch für die Ventilatorantriebe bewirken. In solchen Fällen erfolgt die Luftansaugung über das Dach.

Besteht kein Heizbedarf, dann ist die Luftwechselrate in den Büroräumen ausschließlich von der Luftqualität abhängig. Sie wird durch die kontinuierliche Messung der CO_2- und Mischgaskonzentration (Geruchs- und Schadstoffbelastung) in den Büroräumen ermittelt.

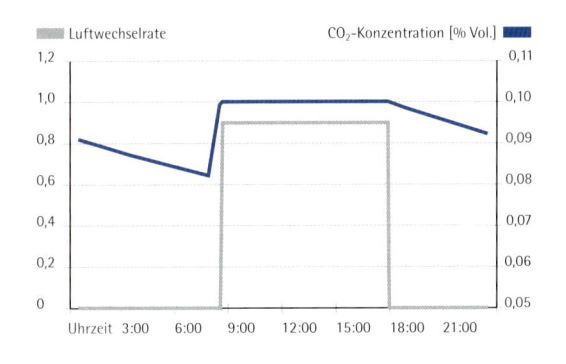

Luftwechselrate und Luftqualität im Souterrain, ohne Heizungseinfluss (Simulationsergebnis; angenommene Belegung: 8 Personen von 8:00 bis 18.00 Uhr; CO_2-Belastung der Außenluft 0,04 % Vol.)

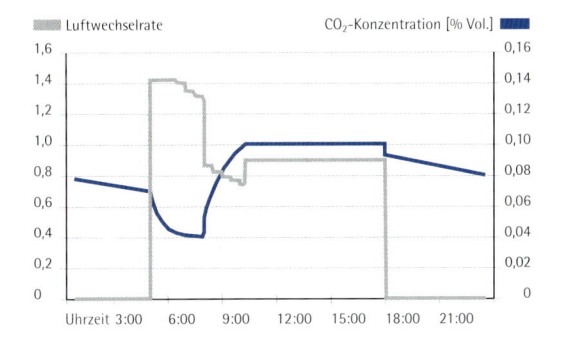

Luftwechselrate und Luftqualität im Souterrain an einem kalten Wintertag (Simulationsergebnis; Belegung wie zuvor, max. Zulufttemperatur 50°C; CO_2-Belastung der Außenluft 0,04 % Vol.). Die zugeführte Luftmenge ergibt sich aus der Überlagerung von Frischluft- und Wärmebedarf

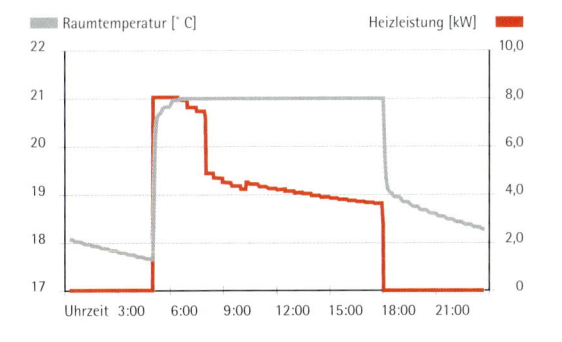

Raumtemperatur und Heizleistung im Souterrain an einem kalten Wintertag (Simulationsergebnis; Belegung wie zuvor)

Simulations- und Betriebsergebnisse

Für den Zeitraum von September 1996 bis Juni 1998 liegen Auswertungen von Messergebnissen vor, die mit den im Vorfeld durchgeführten Simulationsrechnungen verglichen wurden.

Zielsetzung bei Konzept und Planung des untersuchten Bürogebäudes war ein spezifischer Heizwärmebedarf von nicht mehr als 30 kWh/m²a (nach dem Wärmeschutznachweis der WSchV '95). Zum Zeitpunkt der Planung wurde deshalb von einem Niedrigstenergiegebäude gesprochen. Dynamische Simulationsrechnungen, die im Rahmen des wissenschaftlichen Begleitprogramms an der GhK durchgeführt wurden, ergaben einen Heizwärmebedarf von nur ca. 8600 kWh/a (22 kWh/m²a). Die Messergebnisse bestätigen mit ca. 9 050 kWh/a (23,2 kWh/m²a) die in der Computersimulation ermittelten Werte weitgehend.

Die bedarfsgerechte Lüftungsregelung bewirkt selbst in Kombination mit dem Heizungsbetrieb ausgesprochen geringe mittlere Luftwechselraten im Gebäude. Die jährlichen Lüftungswärmeverluste betragen deshalb lediglich etwa 25% der gesamten Wärmeverluste.

Ursprüngliche Befürchtungen, dass die Aufheizphase nach besonders kalten Winterwochenenden sehr lang sein könnte, haben sich nicht bestätigt. Der hohe Dämmstandard, die gute Gebäudedichte und die passive Nutzung der Solarstrahlung vermeiden ein deutliches Absinken der Raumtemperatur im Gebäude, selbst bei längeren Perioden ohne Nutzung.

Der jährliche Stromverbrauch des gesamten Gebäudes liegt bei ca. 25 000 kWh/a (61,7 kWh/m²a). Davon entfallen knapp 20% (11,5 kWh/m²a) auf den Betrieb der Heizungs- und Lüftungsanlage.

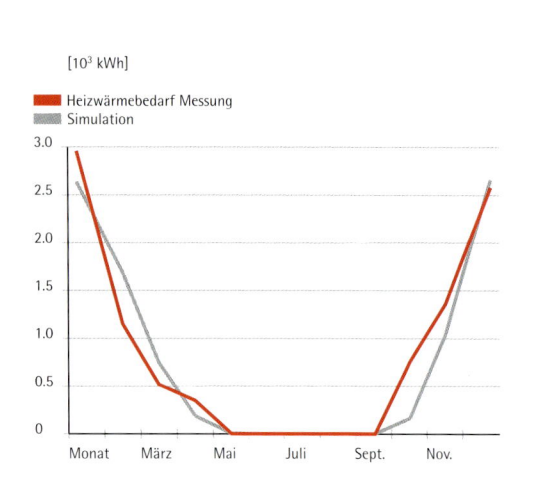

Vergleich des aus dynamischen Simulationen berechneten Heizwärmebedarfs mit dem aus der gesamten Messperiode ermittelten, typischen monatlichen Verbrauch (September 1996 bis Juni 1998)

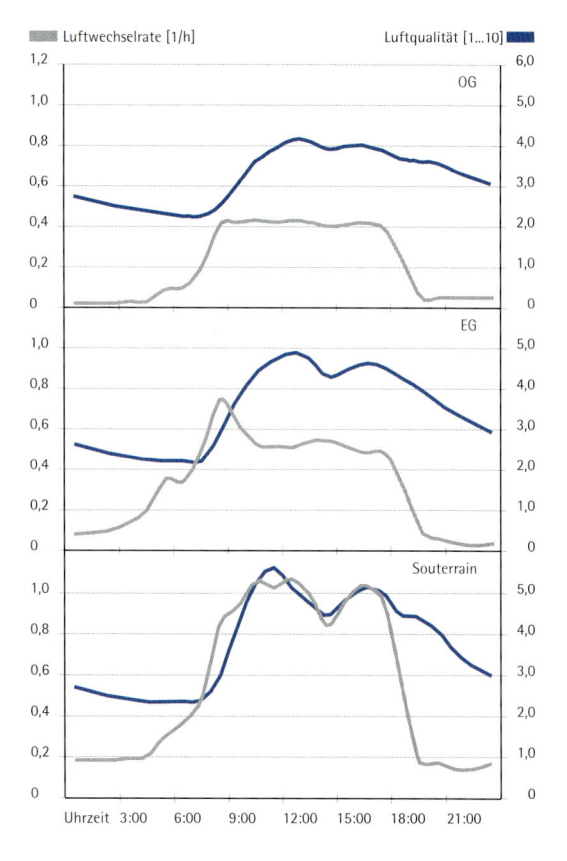

Typischer Verlauf der Luftwechselrate und Luftqualität an einem Werktag im November in den unterschiedlichen Geschossen (Messergebnisse)

Fazit und Ausblick

Das Heizungs- und Lüftungssystem mit bedarfsgerechter Lüftungsregelung hat sich während der ersten beiden Heizperioden von 1996 bis 1998 sehr gut bewährt. Der Heizwärmeverbrauch ist geringer als das ursprünglich gesteckte Ziel.

Die Anlage wird von den Nutzern sehr gut angenommen, was vor allem an der konstant guten Luftqualität liegt. Zu Fehlbedienungen, die eine deutliche Erhöhung des Heizenergiebedarfs mit sich gebracht hätten, kam es nicht. Die Weiterentwicklung der Bedienelemente, besonders die Einführung einer einfachen optischen Darstellungsmöglichkeit des aktuellen Anlagenstatus, wäre für zukünftige, ähnlich komplexe Systeme allerdings wünschenswert. Verbesserungswürdig ist auch die Genauigkeit, mit der die eingesetzten Volumenstromregler vor allem bei geringen Luftströmen regelbar sind.

Die bedarfsgerechte Lüftung reduziert die Lüftungswärmeverluste erheblich, mindert allerdings wegen der relativ geringen Luftwechselraten auch die Energieausbeute von Erdkanal und Wärmerückgewinnung. Zukünftig muss daher untersucht werden, ob die Energieeinsparung den hohen Installationsaufwand eines Erdkanals rechtfertigt. Andererseits ist die Frage, ob beide Elemente nicht alleine aus Behaglichkeitsgründen zur Vorwärmung der Zuluft im Winter weiterhin zum Einsatz kommen müssen. Gelingt es, Wege zu finden, auf denen die Zuluft ohne Behaglichkeitseinbußen mit Außentemperatur in den Raum einströmen kann, dann werden künftig wesentlich einfachere Installationen für Heizungs- und Lüftungsanlagen möglich sein.

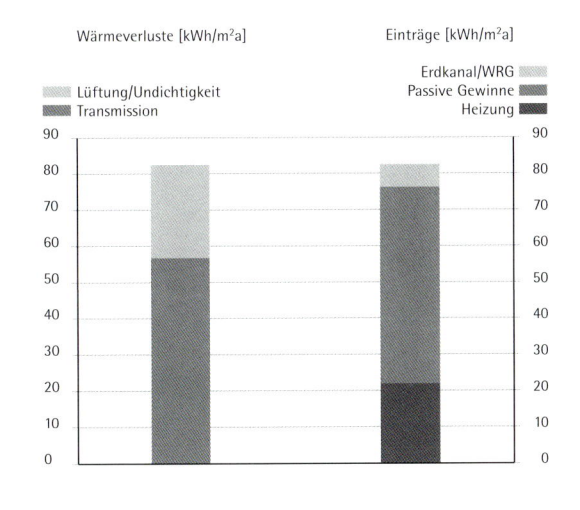

Berechnete Energiebilanz des Bürogebäudes

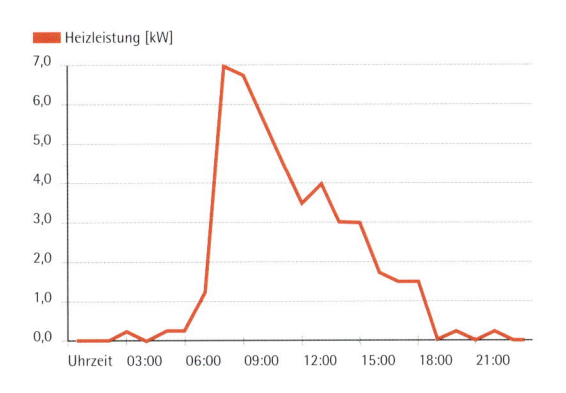

Typischer Verlauf der Heizleistung an einem Werktag im Monat November

Kulturzentrum, Puchheim

Bauherr
Gemeinde Puchheim

Architekten
Lanz Architekten & Ingenieure
München
P. Lanz
B. Bauer

Gebäudetechnik
Ingenieurbüro Hausladen
Kirchheim b. München
Prof. G. Hausladen
J. Bauer

Simulationen
TransSolar
Stuttgart
P. Voit

Tragwerksplanung
Mayer & Ludescher
München
H. Busler

In Puchheim, am Rand von München, wurde im April 1999 nach einer sechsjährigen Planungs- und Bauphase ein Kulturzentrum der Öffentlichkeit übergeben, das durch seine außergewöhnliche Architektur das Erscheinungsbild der Gemeinde prägt.

Der langgestreckte Baukörper des Kulturzentrums steht vermittelnd im Spannungsfeld zwischen dem angrenzenden öffentlichen Grünzug und dem Vorplatz des evangelischen Gemeindezentrums. Das Gebäude hat zwei Gesichter: Eine eher konventionelle Pfosten-Riegel-Fassade aus Lärchenholz liegt dem evangelischen Gemeindezentrum gegenüber. Nach Osten hin nimmt die weiche Kontur des Membrandaches die Linie einer Geländewelle auf, unter der sich die Tiefgarage verbirgt.

Durch die besondere Dachform hebt sich das Gebäude vom Wohnungsbau in der Umgebung ab und unterstreicht auf diese Weise seine Nutzung als Bürgerhaus und Kulturzentrum.

Architektur

Eine klare, einfach ablesbare Formensprache charakterisiert das Gebäude. Der rund 60 m lange und 25 m breite, kompakte Baukörper erstreckt sich in Nord-Süd-Richtung. Er ist in drei langgestreckte Teile gegliedert: einem nach Westen zum Vorplatz orientierten Infrastrukturriegel (mit Foyer, Restaurant und Gewerbeküche), einer nach Osten dem Grünstreifen zugewandten Saalzone (mit Bürgersaal, Bühnentrakt, Sektbar und Mehrzweckraum) und einem dazwischen liegenden 3 m breiten Kernbereich. Dort sind Installations- und Sanitärräume sowie die Technikzentrale im Untergeschoss untergebracht.

Der Grundriss ist nach einem strengen Raster in Zonen eingeteilt, die auch Innen- und Außenräume miteinander verknüpfen, um das Gebäude so flexibel wie möglich nutzen zu können. Die Mehrzweckzone hat mobile Trennwände. Die Erschließung der zweiten Ebene erfolgt über die eingeschossige Haupttreppe und einen gläsernen Aufzug. Weitere Treppen dienen im Brandfall als Fluchtwege.

Die transparent gestalteten Fassaden an allen Seiten des Gebäudes vermitteln zwischen innen und außen. Sie gewähren Einblicke von allen Seiten und stellen dadurch den Bezug des Kulturzentrums zur Öffentlichkeit her.

Einzigartig ist ein auf 1000 m² frei spannendes Membrandach, das 1999 mit dem internationalen Preis für textile Architektur prämiert wurde.

Südansicht

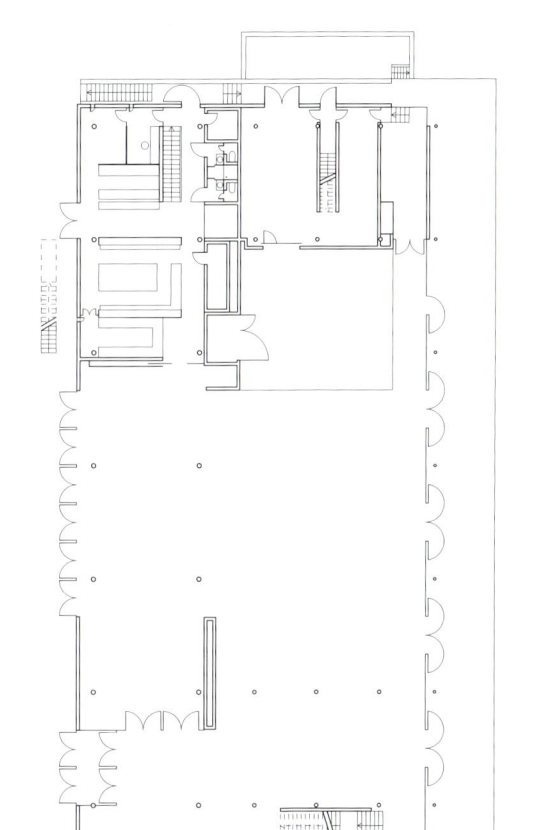

Grundriss EG, M 1:500

Südwestansicht

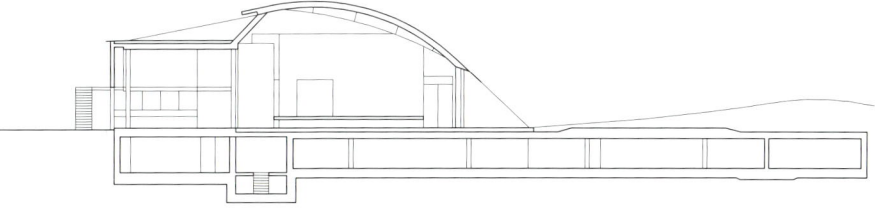

Schnitt, M 1:500

Membrandach

Die Saalzone wird von einer 1000 m² großen, mehrlagigen Membran überdacht. Acht unterspannte Brettschichtholzbinder sind paarweise gegeneinander verkippt und bilden die Primärkonstruktion des Membrandaches. Aufgrund ihres Querschnitts zeichnen sich die Binder als schmale Grate in der Außenmembran aus teflonbeschichtetem Glasfasergewebe ab und modellieren deren Oberfläche. Die v-förmigen Streben des oberen Binderauflagers werden mit Zugstangen an der Stahlbetonflachdecke des Infrastrukturriegels verankert. Pendelstützen aus Stahlrohr bilden das untere Binderauflager. Etliche Hängeseile und die Randseile der Außenmembran stabilisieren die Binderpaare in Längsrichtung des Gebäudes. An den Stirnseiten nimmt die Abfangkonstruktion der Randbinder zusammen mit den Stahlbetonverbunddecken die Membrankräfte auf. Im Inneren sorgen vier Stahlbetonscheiben für die Aussteifung des Gebäudes.

Dachaufsicht (Konstruktion), M 1:500

1 obere Membran
2 Drahtnetz
3 Dämmschicht 80 mm
4 sandgefülltes Distanzgewebe
5 Dämmschicht 100 mm
6 sandgefülltes Distanzgewebe
7 Dampfsperre
8 untere Membran

Schichtaufbau Membrandach

Membrandach

Die hinterlüftete Außenmembran ist Wind- und Regenschutz und wird frei über die Fassadenanschlüsse hinweggeführt. Die Innenmembran, die ebenfalls aus teflon-beschichtetem Glasfasergewebe besteht, hat die Funktion der Lichtlenkung. Sie reflektiert am Tag das natürlich einfallende Licht und bei Dunkelheit das Licht der Deckenfluter tief in den Raum.

Zwischen beiden Membranen befinden sich mehrere Schichten Wärmedämmung, eine Dampfsperre und zwei Lagen sandgefülltes Distanzgewebe. Der mehrlagige Aufbau in Verbindung mit den Sandfüllungen gewährleistet die notwendige Schalldämmung, um die Nachbarbebauung vor Lärmemissionen zu schützen.

Das Membrandach erfüllt die Anforderungen an eine harte Bedachung. Da das Dach baurechtlich aber in der Feuerschutz-Festigkeitsklasse F 30 hätte ausgeführt werden müssen, waren zusätzliche brandschutzwirksame Maßnahmen am Gebäude notwendig, um eine Baugenehmigung zu erhalten. Im wesentlichen waren dies zusätzliche Fluchtwege und eine F 30-Ausführung der Primärkonstruktion.

Nordostfassade

Nordostansicht

Heizungs- und Lüftungskonzept

Das Gebäude ist an die Fernwärmeversorgung des kommunalen Heizkraftwerks angeschlossen. Die Beheizung der Räume erfolgt über eine Fußbodenheizung. Für die Wahl dieses Heizsystems waren im wesentlichen zwei Gründe ausschlaggebend:

· Gestalterische Gesichtspunkte
· Kühlmöglichkeit im Sommer über den Fußboden.

Die Längsfassaden im Bereich des Saals und des Restaurants sind bis zum Fußboden verglast, um eine möglichst große Transparenz zu erreichen. Die Verglasung hat eine Höhe zwischen 3,5 und 4,5 m. Die Frage war, ob es im Winter durch Kaltluftabfall zu wesentlichen Beeinträchtigungen der Behaglichkeit in der Nähe der Fassade kommen würde. Natürlich hätte man dies durch Anordnung von Radiatoren oder Konvektoren verhindern können. Dem widersprachen aber gestalterische Gründe und das Bestreben, ein möglichst einfaches Heizsystem zu installieren.

Weitwurfdüsen Saal  | Zuluftdüsen Restaurant  | Solaranlage mit Flachkollektoren

Mit Hilfe von strömungstechnischen Berechnungen (Raumströmungssimulation) wurden für den großen Saal die Temperaturverteilung und die Luftgeschwindigkeiten bei extrem niedrigen Außentemperaturen ermittelt. Der Bauherr hat Behaglichkeitseinbußen an einigen wenigen, extremen Wintertagen in unmittelbarer Fassadennähe zugunsten einer einfachen Installation akzeptiert.

Die Warmwasserbereitung für die Küchen wird von thermischen Kollektoren unterstützt.

Das Gebäude wird zum großen Teil mechanisch be- und entlüftet. Die Lüftung ist auf mehrere zentrale Anlagen aufgeteilt:

· Großer und kleiner Saal
· Restaurant
· Küche
· Allgemeinbereiche (Umkleiden, Sanitärräume).

Alle Anlagen sind mit Wärmerückgewinnung ausgestattet. Im Sommer wird die Zuluft gekühlt. Als Kühlmedium dient Grundwasser.

Im Entwurf des Gebäudes wurde bereits auf die Möglichkeit einer konzentrierten und einfachen Installation der Lüftungstechnik geachtet. So hat sich die sogenannte „Technikspange" ergeben, die das Gebäude in Längsrichtung durchzieht und in der alle technischen Systeme und Installationen untergebracht sind.

In die beiden Säle und das Restaurant wird die Zuluft aus den Zentralschächten (Technikspange) über Weitwurfdüsen eingeblasen. Die Abluft wird durch nicht sichtbare Öffnungen im oberen Bereich der Zentralschächte abgesaugt. Zur Minimierung der Betriebskosten werden die Anlagen über CO_2-Sensoren gesteuert. In der Übergangszeit und im Sommer kann das Gebäude natürlich belüftet werden.

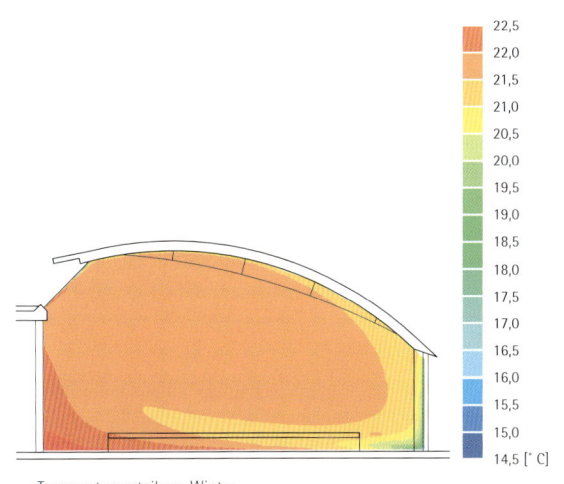

Temperaturverteilung Winter

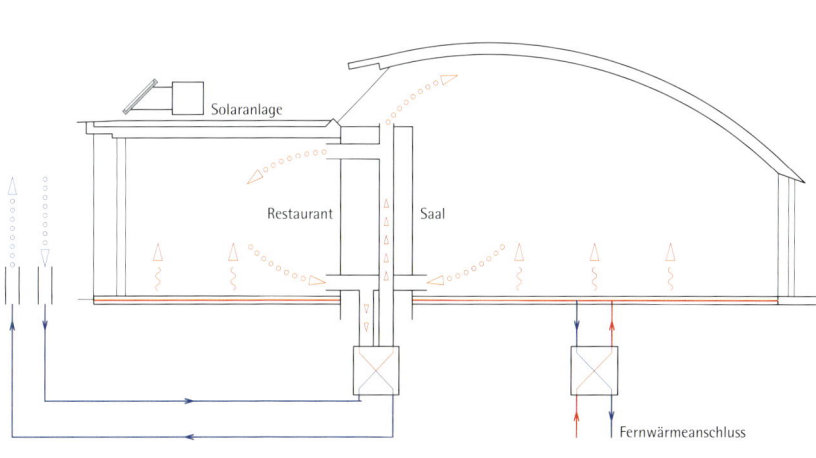

Schema Heizen / Lüften, M 1:250

Lüftungsflügel Ostfassade

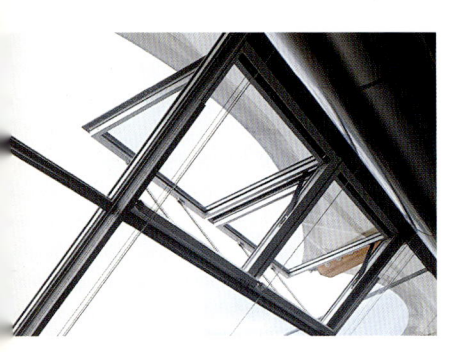

Lüftungsflügel Westfassade (Schrägfassade)

Über die Gesamtlänge der Ostfassade gibt es Oberlichter auf einer Höhe von ca. 3 m, die geöffnet werden können. Weitere Öffnungen befinden sich auf einer Höhe von 6 m in der Schrägfassade zur Westseite. Die Lüftung wird über Thermik und Wind bewirkt. Die Lüftungsflügel können im Sommer auch nachts geöffnet bleiben, um das Gebäude mit frischer Nachtluft zu durchspülen und auszukühlen.

Sommerliches Verhalten

Aus formal-ästhetischen Gründen hat das Gebäude große Glasflächen. Die Fassaden sind weitgehend transparent. Damit es im Sommer nicht zu einer Überhitzung des Gebäudes kommt, wird der äußere Wärmeeintrag durch einen Sonnenschutz vermindert. Darüber hinaus wurden verschiedene Maßnahmen zur Wärmeabfuhr vorgesehen:

- Nächtliche Auskühlung mit Außenluft über natürliche Lüftung
- Fußbodenkühlung mit Grundwasser
- Zuluftkühlung mit Grundwasser.

Dadurch gelingt es, die Temperaturen in den Räumen auf einem akzeptablen Niveau zu halten.

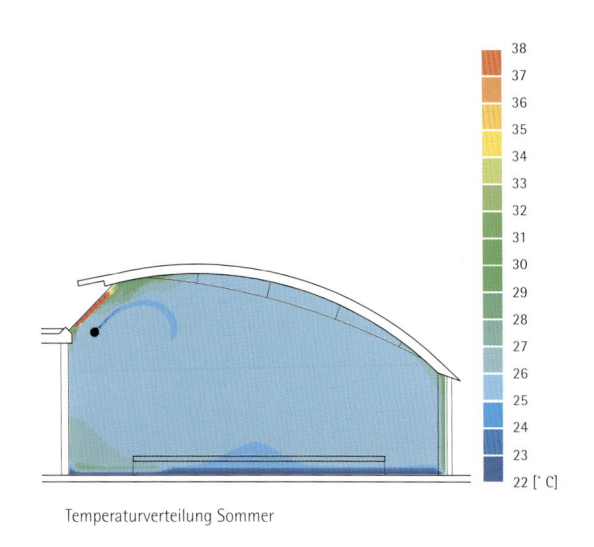

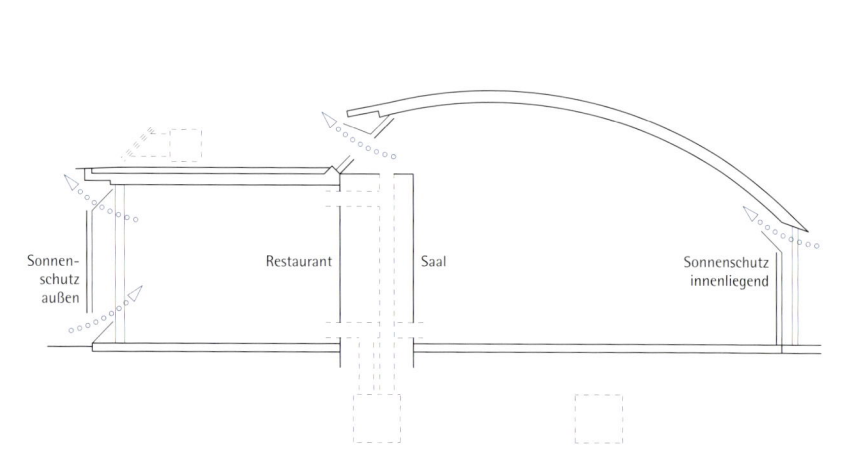

Temperaturverteilung Sommer

Schema Nachtlüftung, M 1:250

Grundwasserkühlung

Die Fußbodenheizung wird im Sommer als Kühlfläche genutzt. Die über den Fußboden abgeführte Wärme wird über einen Wärmetauscher dem Grundwasser zugeführt. Zu diesem Zweck wurden auf dem Grundstück ein Saug- und ein Schluckbrunnen mit einer Tiefe von jeweils 10 m errichtet. Im Sommer wird 12°C kaltes Grundwasser entnommen, über den Wärmetauscher geführt und dem Schluckbrunnen mit einer Temperatur von 16°C wieder zugeführt.

Geht man von einem sonnigen Tag mit einer Außentemperatur von 32°C aus und berücksichtigt die Fußbodenkühlung (Oberflächentemperatur 20°C) und die Zuluftkühlung (Zulufttemperatur 20°C), so stellen sich im gesamten Aufenthaltsbereich des Saals bei voller Belegung Raumlufttemperaturen von ca. 26°C ein. Lediglich in der Nähe der Glasfassade und unter dem Dach steigt die Lufttemperatur auf ca. 30°C an.

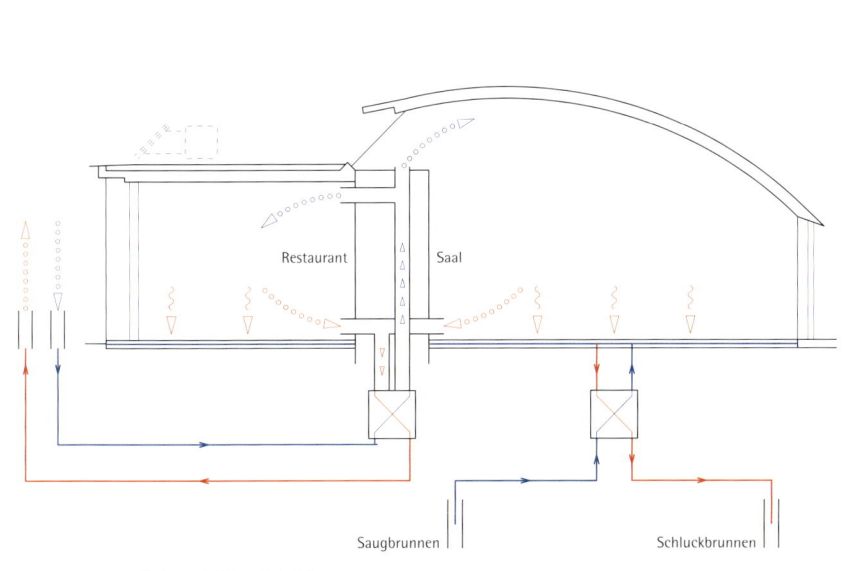

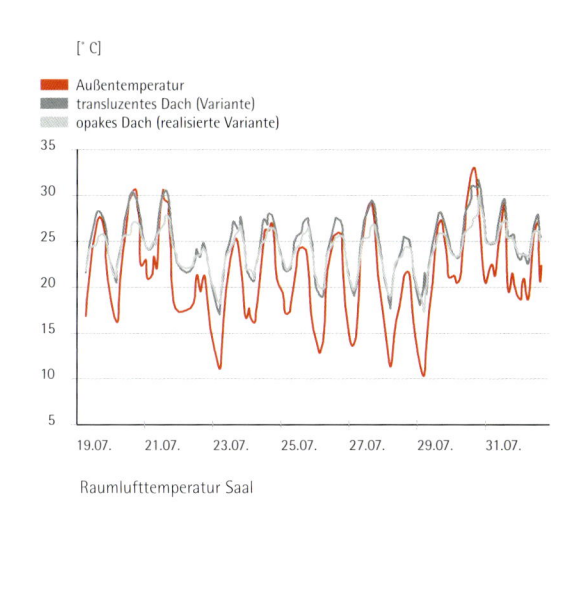

Schema Kühlen, M 1:250

Technikspange Untergeschoss

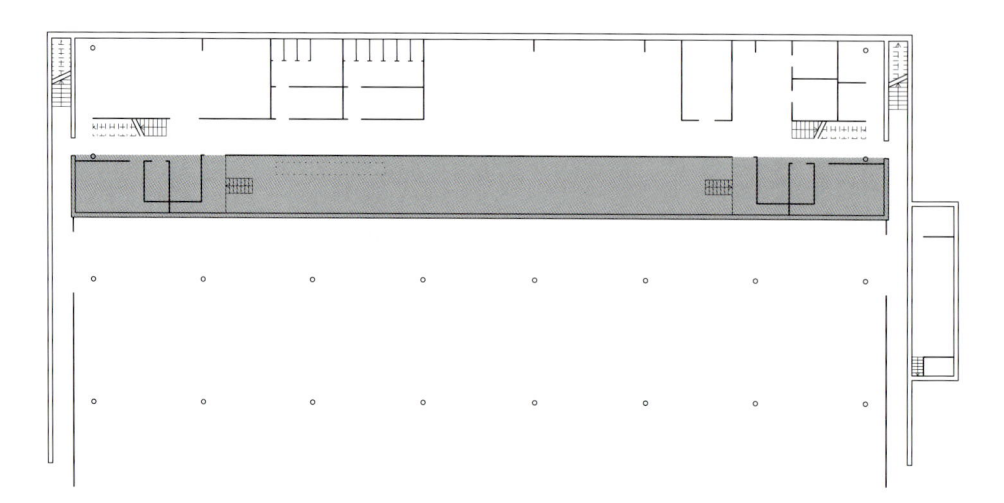

Kernzone, Technikspange UG, M 1:500

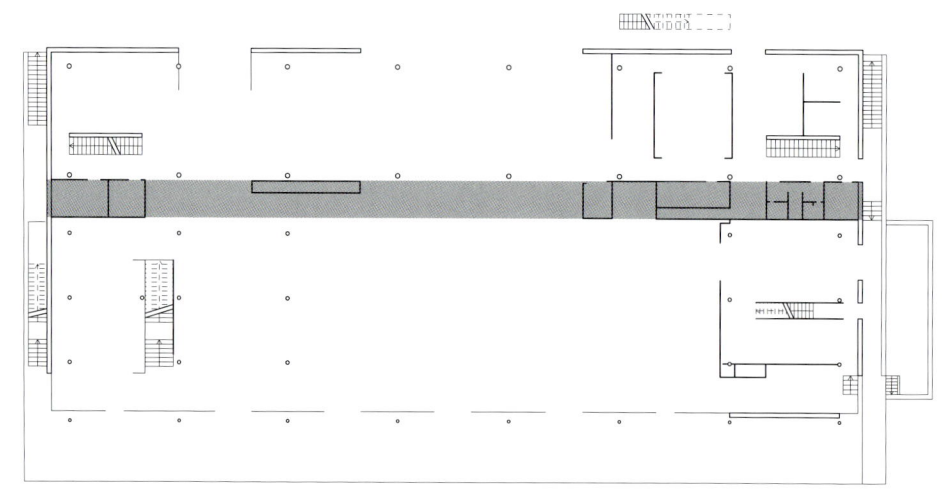

Kernzone, Technikspange EG, M 1:500

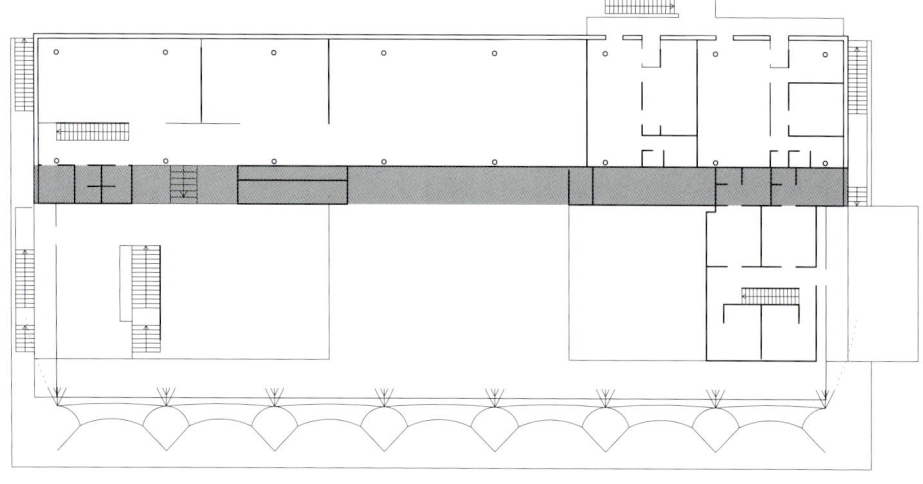

Kernzone, Technikspange 1.OG, M 1:500

Installationstechnik

Wichtiges Ziel des Entwurfes war es, die technische Gebäudeausrüstung so zu planen, dass sie sich wie selbstverständlich in das Gebäude einfügt und dadurch eine optimale Funktionalität gewährleistet. Deshalb zieht sich die Kernzone als Technikspange durch das gesamte Gebäude vom Untergeschoss bis zum 1. Obergeschoss und schließt die verschiedenen Räume an die notwendigen technischen Einrichtungen an. Die gesamte Gebäudetechnik wurde im Untergeschoss in einer „Technikspange" mit einer Breite von 3 m und einer Länge von 60 m eingebaut. Alle Technikräume sowie Nass- und Nebenräume und die zentralen Versorgungsschächte befinden sich in dieser 3 m breiten Kernzone.

Tiefgaragenlüftung

Die unter der Geländewelle liegende Tiefgarage hat 80 Stellplätze. Für die natürliche Belichtung und Belüftung der Tiefgarage sorgen zwei Licht- und Lüftungsschächte, die 1,25 m breit und 40 m lang sind. Sie liegen sich im Abstand von 50 m gegenüber. Eine ausreichende Lufterneuerung wird durch Temperaturunterschiede von Garagenluft und Außenluft sowie durch Windkräfte erreicht.

Positiv wirkt sich auch die Nutzung der Saalabluft als Verdrängungslüftung der Tiefgarage aus. Im Winter temperiert die warme Abluft aus dem Saal die Tiefgarage.

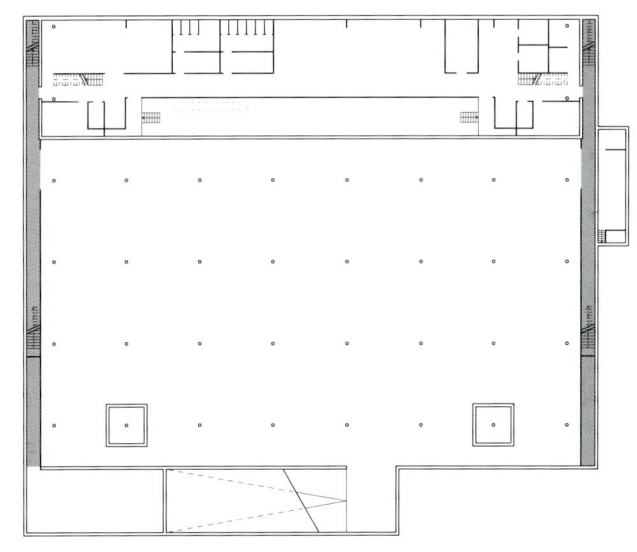

Luftschächte

Grundriss Tiefgarage, M 1:750

Tiefgarage

Niedrigenergiesiedlung, Vaterstetten

Bauherr
Gemeinde Vaterstetten

Architekten
Bebauungsplanung
und Häuser A, E, F
Steffan Architekten
München
Prof. C. Steffan
Häuser B, C, D
Architekturbüro Nagel
Aschheim
J. Nagel

Gebäudetechnik
Ingenieurbüro Hausladen
Kirchheim b. München
Prof. G. Hausladen
A. Lackenbauer
H. Pertler

In Vaterstetten bei München wurde 1995 im Rahmen einer Ortserweiterung eine Niedrigenergiesiedlung fertiggestellt.

Insgesamt wurden 158 Wohneinheiten erstellt:

- 78 Wohnungen (4 Gebäude) errichtete die Gemeinde Vaterstetten im Rahmen des geförderten sozialen Wohnungsbaus.
- 40 Wohnungen (2 Gebäude) wurden von einer Wohnungsbaugesellschaft als Eigentumswohnungen für Einheimische erstellt.
- 40 Wohneinheiten als Reihen- und Doppelhäuser wurden als Modell „Bauen für Einheimische" von den Eigentümern gebaut.

Aus Rücksicht auf die vorhandene Bebauung hat der Großteil der Neubauten nur zwei Vollgeschosse und ein Dachgeschoss. Ein Teil der Etagenwohnungsbauten erhielt zu den zwei Vollgeschossen eine zurückgesetzte Terrassenebene, ein weiterer Teil drei Stockwerke plus Terrassengeschoss. Die Terrassengeschosse ermöglichen Dachgärten für die oberen Etagenwohnungen von 14 bis 18 m² Größe, die teilweise bepflanzt sind. Die Häuser sind weitgehend nach Süden orientiert, um eine passive und aktive Nutzung der Sonnenenergie zu ermöglichen. Das Wohngebiet wird über nicht oberflächenversiegelte Wohnhöfe erschlossen. Die Autostellplätze für die Etagenwohnungen befinden sich in einer abgesenkten Tiefgarage, die natürlich belichtet und belüftet ist.

Energetische und ökologische Ziele

Im Bebauungsplan wurden freiwillige Richtwerte (50–65 kWh/m²a) für den Heizenergiebedarf vorgegeben. Bei der Grundstücksüberlassung sagte der Bauträger der Eigentumswohnungen eine hohe Wärmedämmung und den Einbau thermischer Solaranlagen zu. Die Eigenheimbesitzer konnten nicht zu Energiesparmaßnahmen verpflichtet werden. Energietechnische Beratungen sowie ein speziell entwickeltes Förderprogramm für thermische Solaranlagen sollten jedoch auch dieses Einsparpotential erschließen. Ziel der Siedlungsplanung war es, Gebäude mit einem niedrigen Energieverbrauch zu bauen und für eine Energieversorgung mit möglichst geringem CO_2-Ausstoß zu sorgen.

Folgende Maßnahmen wurden realisiert:

- Kompaktheit der Gebäude
- Hoher Wärmedämmstandard
- Energetisch günstige Gebäudeorientierung (Passive Solarenergienutzung)
- Kontrollierte Lüftung mit Wärmerückgewinnung
- Thermische Solaranlage zur Warmwasserbereitung
- Regenerative Energieerzeugung
- Regenwassernutzung.

Lageplan

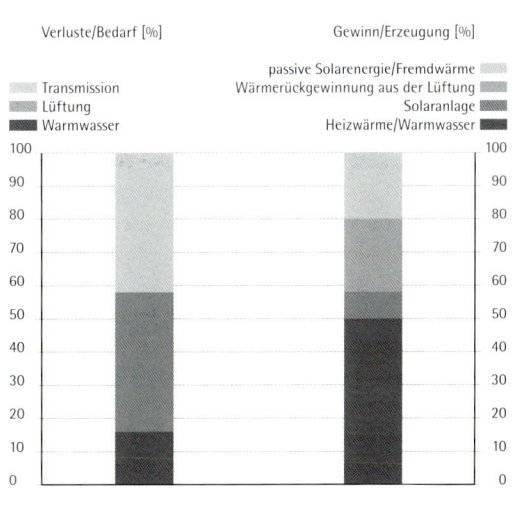

Anteile am Energiebedarf und an der Energieerzeugung

Transmission:
Minimiert durch Kompaktheit der Gebäude und gute Wärmedämmung

Solarenergiegewinne:
Maximiert durch Orientierung der Gebäude

Lüftungswärmeverluste:
Verringert durch Wärmerückgewinnung

Warmwasser:
Zum Teil gedeckt durch thermische Solaranlage

Restwärme:
Regenerativ erzeugt durch Holzfeuerung
(Heizwärme/Warmwasser)

Bauweise

Die Gebäude sind hoch wärmegedämmt. Die Außenwände der Mehrfamilienhäuser sind mehrschalig aufgebaut:

- 17,5 cm speicherfähiges Mauerwerk
- 12 bis 16 cm dicke Wärmedämmung aus Mineralwolle
- mineralischer Putz bzw. Plattenverkleidung.

Die Verglasung hat einen k-Wert von 1,1 W/m²K (Wärmeschutzverglasung). Die Dächer sind mit ca. 30 cm Zellulose gedämmt. Zur Tiefgarage hin ist eine 18 cm dicke Tektalanddämmung eingebaut.

Horizontale Sonnenschutzlamellen und Rolläden verhindern eine Überhitzung im Sommer und bieten zusätzlichen Wärmeschutz.

Es wurden folgende Dämmwerte realisiert:

Bauteil	k-Wert [W/m²K]
Außenwand (mit Dämmung)	0,22
Fenster	1,10
Dach	0,18

Heizungs- und Lüftungskonzept

Aufgrund der guten Wärmedämmung der Gebäude geht nur wenig Wärme über Transmission verloren. Deshalb kommt den Lüftungswärmeverlusten eine relativ hohe Bedeutung für den gesamten Wärmebedarf zu. Mit Hilfe kontrollierter Lüftung samt Wärmerückgewinnung und durch Vermeidung eines unkontrollierten Luftaustausches über Gebäudeundichtheiten wird auch der Lüftungswärmebedarf deutlich gesenkt.

Um nicht zwei Systeme einbauen zu müssen – eines zum Heizen und ein separates zum Lüften –, fiel die Wahl auf ein Luftheizungssystem. Aufgrund des geringen Transmissionswärmebedarfs sind die zum Heizen benötigten Luftmengen relativ gering und gerade so groß, wie sie auch zum Lüften notwendig sind. Die Wohnungen sind aufgeteilt in eine Frischluftzone mit Schlaf- und Kinderzimmer sowie eine Umluftzone, zu der Wohn-, Esszimmer, Küche, Flur und Bad gehören.

Das Luftheizsystem hat drei Temperaturregelzonen: Wohnzimmer, Schlafzimmer und ein Kinderzimmer. Die übrigen Räume z.B. das zweite Kinderzimmer, die Küche und das Bad werden nicht separat geregelt, sondern sind an einen der drei Temperaturregelkreise gekoppelt. Im praktischen Betrieb hat sich dies als großer Nachteil herausgestellt.

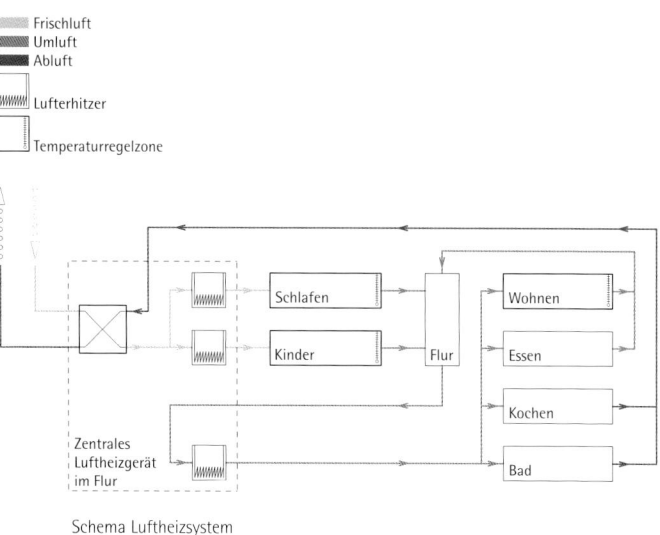

Schema Luftheizsystem

Die Bewohner wollen jeden Raum individuell beheizen und separat regeln können; so wie sie es von einer herkömmlichen Warmwasserzentralheizung gewöhnt sind.

Das zentrale Luftheizgerät hat die Abmessungen einer herkömmlichen Heiztherme (ohne Verrohrung) und ist in einem Abstellraum bzw. in Abstellschränken im Flur untergebracht. Von dort aus strömt die vorgewärmte Luft über Wickelfalzrohre unter der Decke des Flurs in die Räume. Aus Bad und Küche wird feuchte und verunreinigte Luft wieder abgesaugt. Die Rückströmung zum Gerät erfolgt über die 2 cm hohen unteren Türspalte. Die Fortluft überträgt ihre Wärme über einen Wärmetauscher an die Außenluft. Dadurch wird bis zu 60% der Lüftungswärme zurückgewonnen.

Das Luftheizsystem ist ein schnell regelbares Heizsystem. Deshalb werden z.B. Wärmegewinne durch Sonneneinstrahlung gut genutzt.

Das Luftheizgerät übernimmt die Grundlüftung der Wohnung. Damit kann der erhöhte Wärmeverlust über ständig gekippte Fenster vermieden werden und trotzdem ist immer frische Luft in den Räumen. Voraussetzung für die Energieeinsparung ist natürlich, dass die Bewohner ihr Lüftungsverhalten den Gegebenheiten anpassen und während der Heizperiode auf Fensterlüftung – zumindest Dauerlüftung – verzichten.

Solaranlage

Ein weiterer hoher Anteil am Energiebedarf eines Wohngebäudes entfällt auf die Warmwasserbereitung. Ziel der Gebäude- und Anlagenplanung war es, das Warmwasser weitestgehend durch Solarenergie zu erwärmen.

Verglichen wurden eine zentrale Warmwasserbereitung und -versorgung samt Großkollektoranlage mit mehreren dezentralen, gebäudebezogenen Warmwasserbereitungsanlagen mit kleineren Kollektoranlagen. Durchgesetzt hat sich die dezentrale Lösung. So können die Kollektoranlagen dem jeweiligen Haus zugeordnet und in das Bauwerk integriert werden.

Jedes Mehrfamilienhaus hat eine eigene Warmwasserbereitungsanlage, die aus einem Warmwasserspeicher, thermischen Kollektoren und einer Nachheizeinrichtung besteht. Die thermischen Kollektoren sind je nach baulichen Gegebenheiten auf dem Dach aufgestellt oder als Regen- und Sonnenschutz über den Dachterrassen angeordnet. Die Orientierung liegt zwischen Südost und Südwest, der Neigungswinkel beträgt ca. 30°C. Auf jedem Gebäude sind ca. 35 m² Flachkollektoren aufgestellt, was knapp 2 m² je Wohneinheit entspricht. Bei fehlender oder zu geringer Sonneneinstrahlung werden die Warmwasserspeicher über ein zentrales Nahwärmenetz nachgeladen.

Sonnenkollektoren

Solarkollektoren oberhalb der Dachterrassen

Wärmeerzeugung

In der Planungsphase wurden mehrere Möglichkeiten der Wärmeerzeugung und -versorgung diskutiert und untersucht. Ein wesentliches Kriterium aller Überlegungen war dabei immer die weitgehende Schonung der Umwelt durch Minimierung der Schadstoffbelastung, insbesondere des CO_2-Ausstoßes.

Folgende Systeme wurden genauer betrachtet:

- Zentrales Blockheizkraftwerk zur Wärme- und Stromerzeugung
- Zentrale Holzfeuerungsanlage zur Wärmeerzeugung
- Zentrale Wärmepumpenanlage.

Verwirklicht wurde eine zentrale Holzfeuerungsanlage, weil es große Waldflächen in der Umgebung von Vaterstetten gibt. Außerdem hat das bayerische Wirtschaftsministerium das Projekt finanziell unterstützt.

Zusätzlich zum zentralen Holzkessel wurde aus Gründen der Betriebssicherheit und aus regelungstechnischen Gründen ein Öl-Spitzenlastkessel eingebaut. Die gesamte Heizleistung von ca. 1000 kW ist zu je 500 kW auf beide Kessel verteilt. Der Holzkessel übernimmt die Wärmeerzeugung im Winter und in der Übergangszeit und liefert ca. 80 % der jährlich benötigten Heizenergie. Der Einsatz des Öl-Spitzenlastkessels beschränkt sich auf einige wenige Tage im Winter als Ergänzung zum Holzkessel und auf die Sommermonate. Der Ölkessel lässt sich flexibler regeln und ist deshalb in den Sommermonaten mit nur geringer benötigter Heizleistung von Vorteil. Der Holzkessel wird im Sommer abgeschaltet.

Die Entscheidung für einen Ölkessel zur Spitzenlastabdeckung hatte im wesentlichen wirtschaftliche Gründe. Bei Gas hätten hohe Bereitstellungsgebühren gezahlt werden müssen. Wegen der geringen Laufzeiten des Kessels hätte dies zu einem relativ hohen Gaspreis (Leistungs- und Arbeitspreis) geführt.

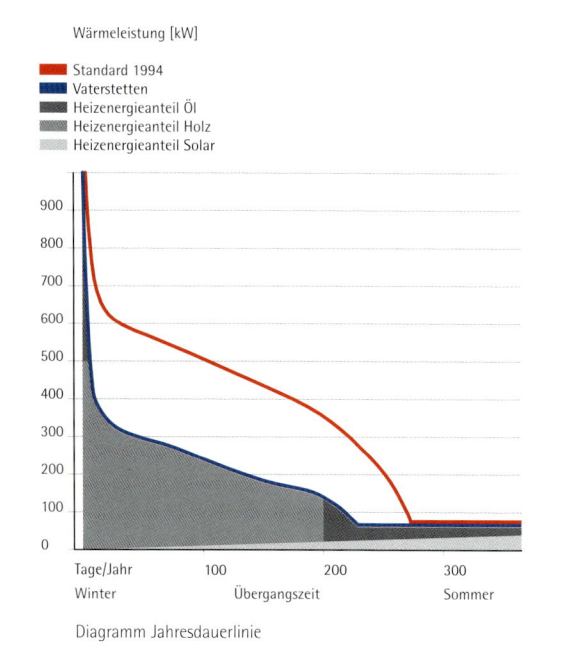

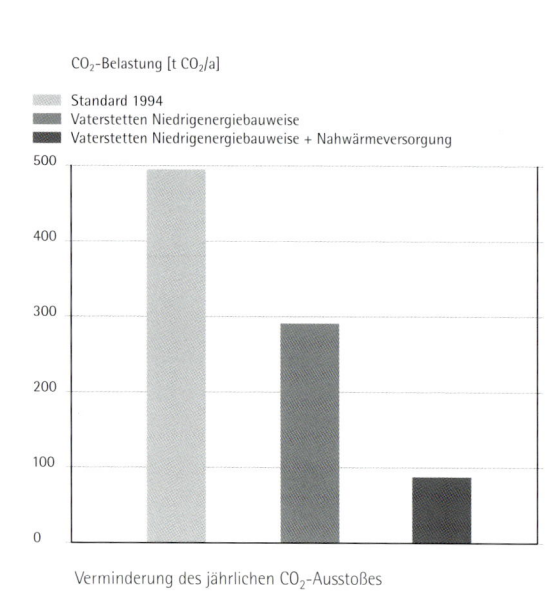

Wärmeleistung [kW]
- Standard 1994
- Vaterstetten
- Heizenergieanteil Öl
- Heizenergieanteil Holz
- Heizenergieanteil Solar

Diagramm Jahresdauerlinie

CO_2-Belastung [t CO_2/a]
- Standard 1994
- Vaterstetten Niedrigenergiebauweise
- Vaterstetten Niedrigenergiebauweise + Nahwärmeversorgung

Verminderung des jährlichen CO_2-Ausstoßes

Nahwärmenetz

Holz ist im Gegensatz zu Öl oder Gas ein nachwachsender Rohstoff. Das bei der Verbrennung entstehende CO_2 wird im natürlichen Kreislauf beim Wachsen des Holzes wieder gebunden. In einer Region mit großen Holzvorkommen bietet sich der Einsatz dieses Brennstoffs an.

Die Heizzentrale versorgt 158 Wohneinheiten mit insgesamt 14 500 m² beheizter Fläche mit Wärme und ersetzt 46 dezentrale Hausfeuerungen.

Im einzelnen sind angeschlossen:

- 6 Mehrfamilienhäuser mit Anschlussleistungen zwischen 35 und 70 kW bei einem durchschnittlichen Heizenergiebedarf von ca. 75 kWh/m²a
- 40 Reihen- und Doppelhäuser mit Anschlussleistungen zwischen 15 und 22 kW und einem Heizenergiebedarf zwischen 90 und 140 kWh/m²a.

Die Heizzentrale liegt am Rand der Siedlung, um die Anlieferung der Holzhackschnitzel zu erleichtern. Die Wärme wird vom Heizhaus über wärmegedämmte Leitungen zu den Häusern geführt. Die lecküberwachten, 1000 m langen Stahl-Kunststoffmantelrohre verlaufen in ca. 1 m Tiefe direkt im Erdreich.

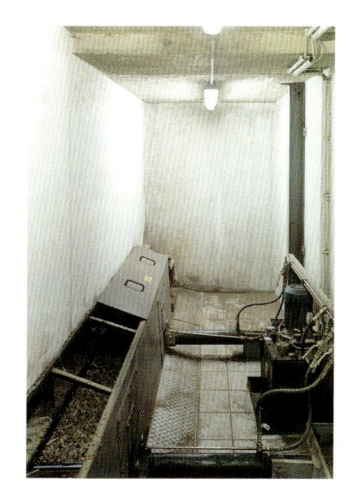

Holzschnitzelförderanlage

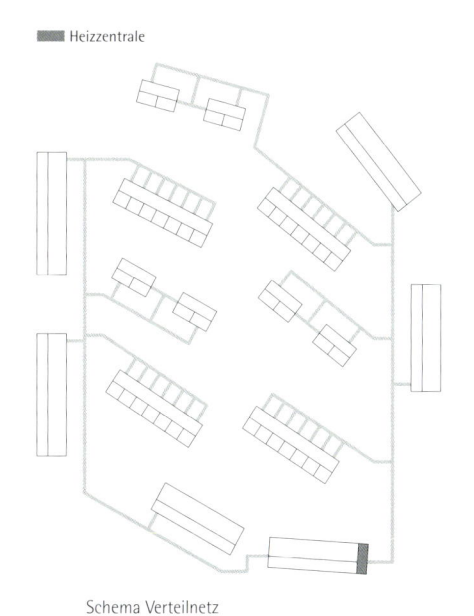

Schema Verteilnetz

Schema der Wärmeverteilung

Heizzentrale

Holzkessel

Sofern die Eigentümer einverstanden waren und wo dies aufgrund der Gebäudeanordnung möglich war, wurde die Leitungstrasse in den Häusern geführt. Dadurch reduzieren sich die Kosten auf ca. 200,- DM/m Leitungstrasse gegenüber ca. 500 DM/m bei Erdreichverlegung. Außerdem sind die Leitungen für Wartung und Reparatur leichter zugänglich und die Wärmeverluste kommen den Gebäuden zugute.

Jedes Gebäude hat ein separates Heizsystem. Die Wärmeübergabe vom zentralen Heiznetz an die Gebäude erfolgt in den Übergabestationen der einzelnen Häuser. Die hydraulische Trennung der Heiznetze sorgt für eine hohe Betriebssicherheit der gesamten Wärmeversorgung. Das zentrale Verteilnetz wird je nach Außentemperatur mit Vorlauftemperaturen zwischen 60°C und 90°C betrieben.

Holzfeuerungsanlage

Bei der Auswahl und Konstruktion der Holzkesselanlage wurde folgendes beachtet:

- Ausreichende Ausschamottierung für gleichmäßig hohe Feuerraumtemperaturen
- Großes Brennraumvolumen, um einen vollständigen Ausbrand der Brenngase zu ermöglichen
- Klare Trennung der verschiedenen Abbrandzonen mit getrennt regelbarer Primär-/Sekundärluftzuführung
- Konstruktive Vermeidung von Ascheablagerungen in der Feuermulde für ungehinderte Brennstoff-Primärluftdurchmischung
- Ausreichende Wärmedämmung aller Bauteile zur Reduzierung der Abstrahlverluste.

Die Holzfeuerungsanlage in Vaterstetten mit 500 kW Nennleistung arbeitet nach dem Unterschubprinzip. Eine Dosierschnecke schiebt den Brennstoff aus einem Vorratsbehälter in eine Feuermulde. Dort wird über Düsen Primärluft zur Vergasung des festen Brennstoffes eingeblasen. Die Verbrennung des Holzgases erfolgt unter Zugabe der Sekundärluft im Brennraum. Ein nachgeschalteter mehrzügiger Stahlkessel überträgt die Wärme an das Heizungswasser. Die Rauchgase werden mit einem Ventilator abgesaugt und in einem Zyklon-Rauchgasentstauber gereinigt.

1 Schornstein
2 Rauchrohr mit Steigung zum Kamin und Reinigungsöffnungen
3 Ölkesseln
4 Holzkessel
5 Rauchgasventilator
6 Vorratsraum für Holzschnitzel
7 Förderanlage für Holzschnitzel

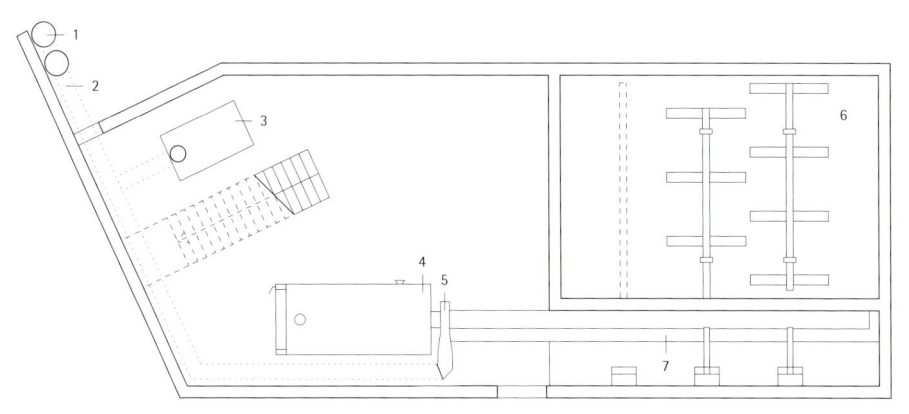

Grundriss Heizzentrale, M 1:150

Die Brennstoffbeschickung ist in Vaterstetten zweigeteilt. Das Hydraulik-Schubbodensystem schiebt den Brennstoff an den Rand des Hackschnitzellagers. Ein Kratzkettenförderer transportiert das Material dann weiter in den Heizraum. Diese Art des Brennstofftransportes ist sehr robust und störungsfrei. Die Kesselleistung kann je nach Wärmeanforderung in 15 Stufen reguliert werden, als Führungsgröße dient die Vorlauftemperatur. Eine Messsonde ermittelt die optimale Verbrennungstemperatur, um eine möglichst emissionsfreie Verbrennung sicherzustellen. Auf ein automatisches Entaschungssystem wurde verzichtet, da die Asche bei größerer Betriebssicherheit auch leicht von Hand entfernt werden kann.

Brennstoff Holz

Niedrige Schadstoffemissionen und hohe Kesselwirkungsgrade lassen sich nur erreichen, wenn Kesselanlage und Brennstoff aufeinander abgestimmt sind.

Für die zuvor beschriebene Unterschubfeuerung ist die Brennstoffauswahl begrenzt. Als Brennmaterial kommt nur feines Hackgut mit max. 3 cm Kantenlänge oder mittleres Hackgut mit einer maximalen Kantenlänge von 5 cm in Frage. Übergroße Stücke führen zu Störungen im Betrieb, meist zu Blockagen in der Zellenradschleuse oder der Unterschubschnecke. Feinere Materialien, wie z.B. Sägemehl können prinzipiell auch verbrannt werden. Die Ausbringungs- und Feuerungsanlage muss dann jedoch komplett umgestellt werden.

Sehr wichtig für eine optimale Verbrennung ist der Wassergehalt des Brennstoffes. Je nach Lagerzeit und -ort des Holzes schwankt der Wassergehalt zwischen 15% (lufttrocken) und 60% (erntefrisch). Je feuchter das eingesetzte Brenngut ist, desto schwieriger ist es, die Verbrennung zu beherrschen. Außerdem nimmt der Heizwert mit zunehmender Feuchte rapide ab.

Folgende Materialien eignen sich als Brennstoff und werden in der Region angeboten:

- Waldholz, ungehackt, ohne Grün, Kantenlänge max. 5 cm, max. Feuchtigkeit 30% aus landwirtschaftlichen Waldbeständen, Preis pro Schüttraummeter: 23,- DM
- Sägewerksabfälle, gehackt, rindenfrei, Kantenlänge max. 3 cm, max. Feuchtigkeit 30%, Preis pro Schüttraummeter: 18,- bis 22.- DM.
- Unbehandeltes Abfallholz aus holzverarbeitenden Betrieben, rindenfrei, max. Kantenlänge 5 cm, max. Feuchtigkeit 20%, bei Selbstabholung oft kostenlos.

Holzschnitzel

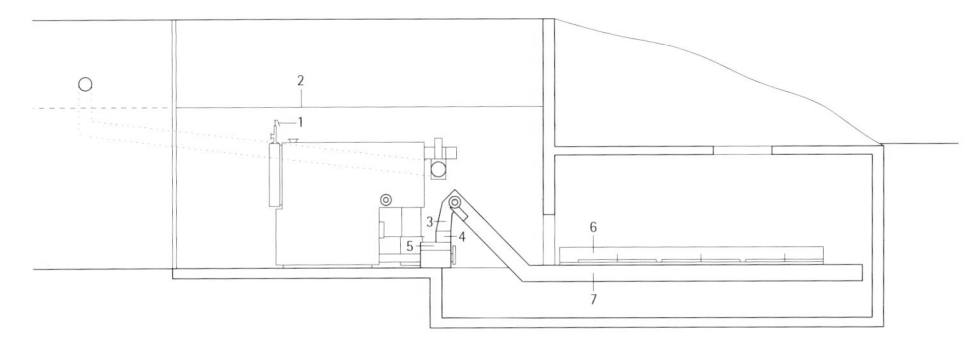

Schnitt Heizzentrale, M 1:150

1 Sicherheitsventil
2 Podest
3 Fallschacht
4 Zellradschleuse
5 Unterschubschnecke
6 Schubboden
7 Förderanlage für Holzschnitzel

Wärmelieferkonzept

Einkauf, Transport, Aufbereitung und die wirtschaftliche Verbrennung des Holzes erfordern entsprechendes Know-how, da sich Brennstoffangebot und -qualität ständig ändern. Das Holz muss meistens kurzfristig von verschiedenen Anbietern bezogen werden. Deshalb übernimmt ein privater Unternehmer, ein Mitglied der regionalen Waldbauernvereinigung, den Betrieb der Feuerungsanlage. Die Vergütung erfolgt entsprechend der erzeugten Wärmemenge. Durch diesen Modus hat der Betreiber ein großes Interesse an einem hohen Ver-

brennungswirkungsgrad, am Einsatz von hochwertigem Brennstoff sowie an einer gut gewarteten Feuerungsanlage. Außerdem erübrigt sich ein aufwendiges Mess- und Kontrollverfahren der Brennstoffqualität. Der vergütete Wärmepreis beträgt 52,- DM (Stand 1995) je erzeugter MWh. Darin ist auch die Entsorgung der Asche enthalten, die auf landwirtschaftlichen Nutzflächen verteilt wird. Auch der Betrieb des Spitzen-Ölkessels, die Wärmeverteilung und die Abrechnung mit den Kunden wurden an eine Firma weitergegeben. Der Gesamt-Wärmemischpreis für den Kunden liegt bei 85,- DM/MWh (Stand 1995). Ein Preissteigerungsindex, der Lohnkosten, Öl- und Holzschnitzelpreis berücksichtigt, legt den Preis halbjährlich neu fest.

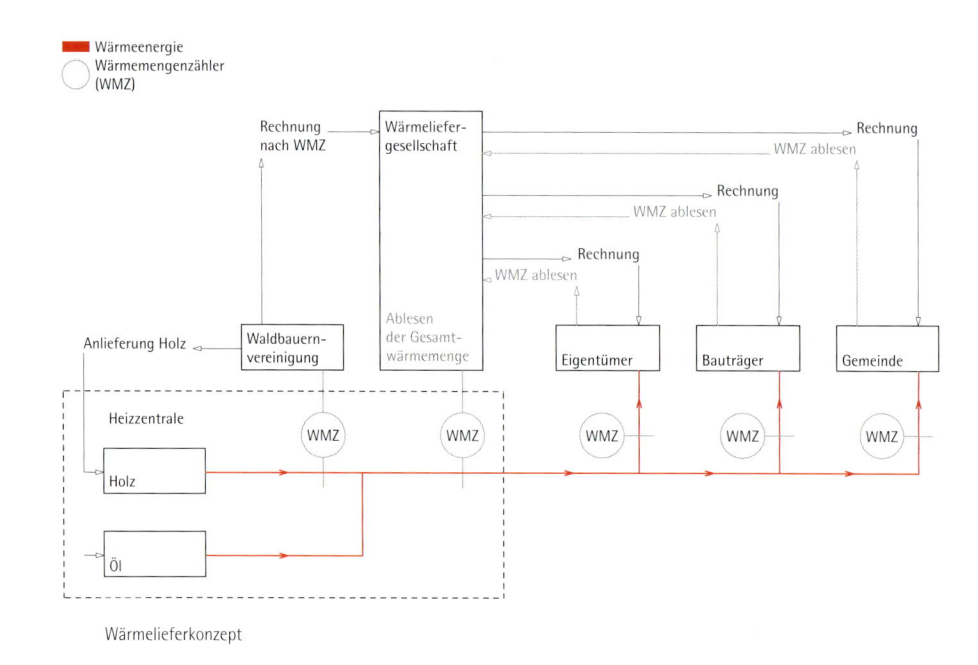

Wärmelieferkonzept

Investitionskosten

Die Kosten der Anlage wurden auf die Gemeinde, die Anschlussnehmer und die Förderstelle des bayerischen Landwirtschaftsministeriums aufgeteilt. Die Anschlussnehmer tragen die Kosten für ihre Übergabestation und den Hausanschluss. Außerdem tragen sie 70% der Kosten für das Verteilnetz, das Heizhaus und die Schornsteine. Diese Kosten betragen für ein Einfamilienhaus ca. 6000,- DM, was in etwa dem Preis einer Gastherme entspricht. Die restlichen 30% der Kosten für die zentralen Anlagen werden von der Gemeinde getragen. Diese Investitionen sollen über den Wärmeverkauf langfristig refinanziert werden.

Ausblick und Erfahrungen

Eine Nahwärmeversorgung mit Holzfeuerung kann bei hoher Betriebssicherheit wirtschaftlich realisiert werden. Allerdings sind einige wichtige Voraussetzungen schon in der Planungsphase zu berücksichtigen:

- Ausschöpfung aller Kosteneinsparungspotentiale, besonders im Bereich des Verteilnetzes und der Übergabestationen. Dabei ist die Verlegung in den Häusern die wirtschaftlichere Lösung. Bei kleineren Netzen kann auch auf Übergabestationen verzichtet werden.
- Frühzeitiger Planungsbeginn, am besten parallel zur Erstellung des Bebauungsplanes. Dadurch lässt sich die Leitungsführung optimieren, eine Führung in den Häusern leichter durchsetzen sowie eine hohe Anschluss- und Leistungsdichte realisieren.
- Es sind zuverlässige Betreiber notwendig, die die Geräte gründlich warten, damit die Wärmeversorgung gesichert ist.

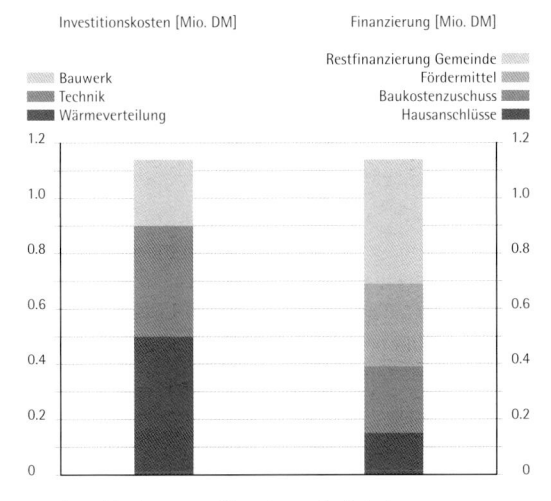

Investitionskosten und Finanzierung der Nahwärmeversorgung

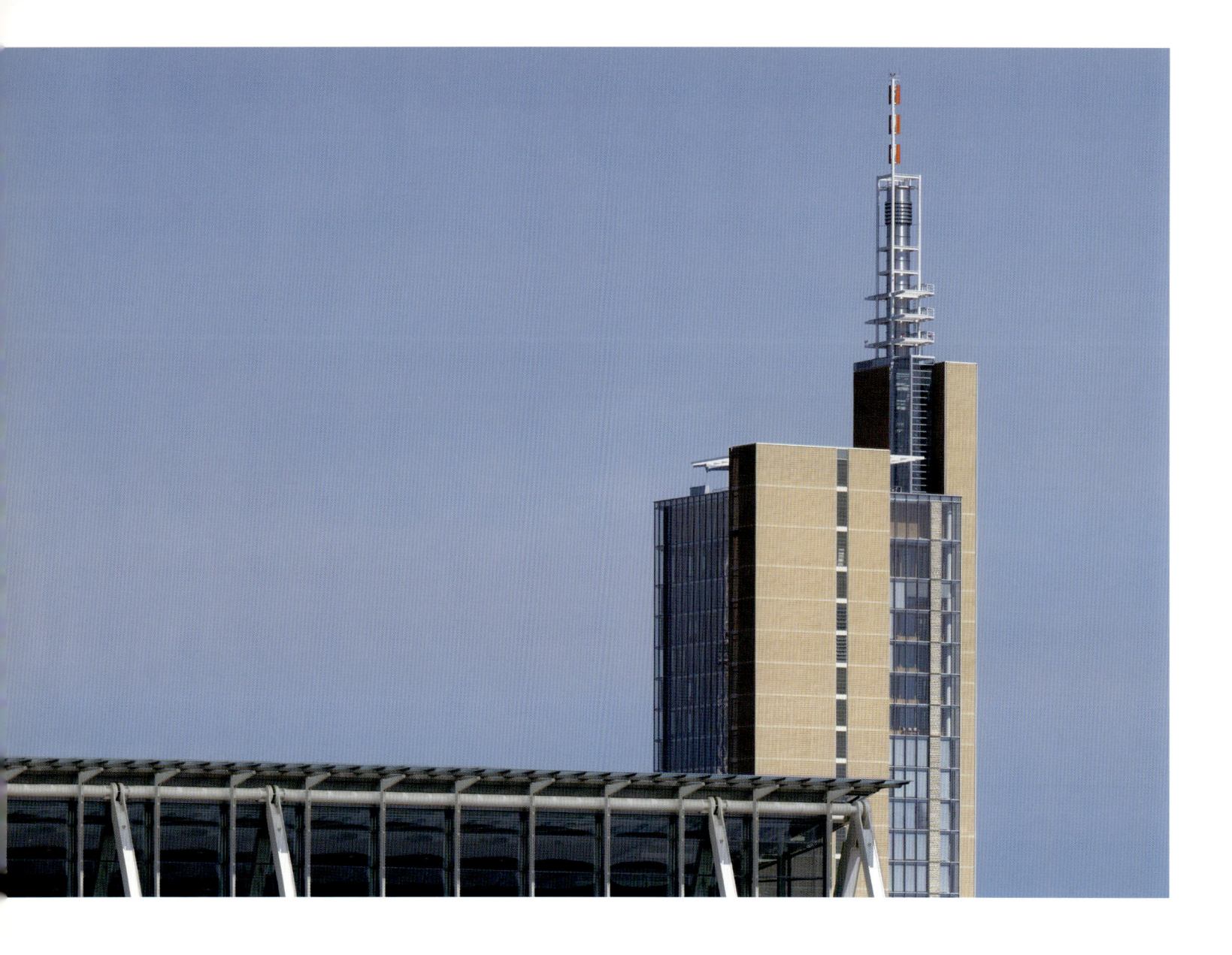

Verwaltungsgebäude der Deutschen Messe AG, Hannover

Gebäudekonzept

Bauherr
Deutsche Messe AG
Hannover

Architekt
Herzog + Partner
München
Prof. Th. Herzog
H. J. Schrade
R. Schneider

Heizung, Lüftung, Kälte, Bauphysik
Ingenieurbüro Hausladen
Kirchheim b. München
Prof. G. Hausladen
M. Többen
H. Eckerl

Natürliche Lüftung (Windkanalstudie)
Design Flow Solution & Consultans
South Cambrigdeshire
R. Waters

Das bestehende Verwaltungsgebäude der Deutschen Messe AG ist um einen Neubau erweitert worden. Realisiert werden sollten eine hohe Qualität der Arbeitsplätze, ein geringer Energiebedarf und der Einsatz regenerativer Energien. Das beengte Grundstück und der umfangreiche Raumbedarf veranlasste die Architekten, in die Höhe zu bauen.

Das Gebäude ist ca. 85 m hoch und hat 20 Vollgeschosse. Der Baukörper hat einen quadratischen Grundriss mit einer Kantenlänge von 24 m. Die einzelnen Geschosse können als Großraum-, Kombi- oder Einzelraumbüros genutzt werden. Zwei nordöstlich und südwestlich angelagerte Türme dienen der Erschließung des Gebäudes und umfassen Treppen, Aufzüge, Sanitäranlagen und die gesamten vertikal verlaufenden Installationen. Oberhalb der Dachebene des Nordost-Turms befinden sich die Technikgeschosse.

Fassade

In der Entwurfsphase wurden mehrere Alternativen der Fassadengestaltung untersucht und diskutiert, wobei es vor allem um Fragen des Witterungsschutzes, der Gebäudelüftung, des Brandschutzes und des Sonnen- und Blendschutzes ging. Das Gebäude sollte das ganze Jahr natürlich – über Fenster – gelüftet werden können; und dies, obwohl in Hannover häufig hohe Windgeschwindigkeiten herrschen. Außerdem sollte ein hohes Maß an thermischer Behaglichkeit erreicht werden, ohne herkömmliche Klimatisierungssysteme einsetzen zu müssen. Die Außenhaut wurde schließlich als Doppelfassade gestaltet. Sowohl die äußere als auch die innere Glasfront besteht aus Wärmeschutzverglasung (k = 1,1 W/m²K). Der Fassadenzwischenraum ist geschossweise horizontal getrennt (Korridorfassade). Das heißt, die Geschossdecken laufen bis zur äußeren Fassadenhaut durch. Die innere Fassade ist eine Holz-Glas-Konstruktion. Im Fassadensockel ist der Zuluftkanal der mechanischen Lüftungsanlage untergebracht. Der Zuluftkanal ist vom Fassadenkorridor aus über großflächig zu öffnende Klappen erreichbar – und kontrollierbar.

Für eine Doppelfassade mit geschossweiser, horizontaler Abtrennung sprechen folgende Gründe:

- Der Fassadenzwischenraum dient als Pufferzone für Wind und Wärme. In der äußeren Fassadenhaut sind Lüftungslamellen eingebaut, die es ermöglichen, die Durchströmung und die Druckverhältnisse im Fassadenzwischenraum zu regeln. Damit kann das Gebäude trotz der herrschenden Windverhältnisse das ganze Jahr über natürlich belüftet werden.
- Der Sonnenschutz kann witterungs- und vor allem windgeschützt im Fassadenzwischenraum angeordnet werden. Er ist für Wartungszwecke gut zugänglich.
- Die auskragende Decke dient als Brandüberschlagsschürze. Damit ergeben sich keine brandschutztechnischen Anforderungen an eine vertikale Brüstung.

Die äußeren Lüftungslamellen sind an den Gebäudeecken angeordnet. Sie regeln den Luftein- und -austritt in den Fassadenzwischenraum (Luftkorridor). Die Lamellen können in sechs unterschiedliche Positionen eingestellt werden. In die Regelung werden Windgeschwindigkeit, Windrichtung und Temperaturen im Fassadenkorridor einbezogen.

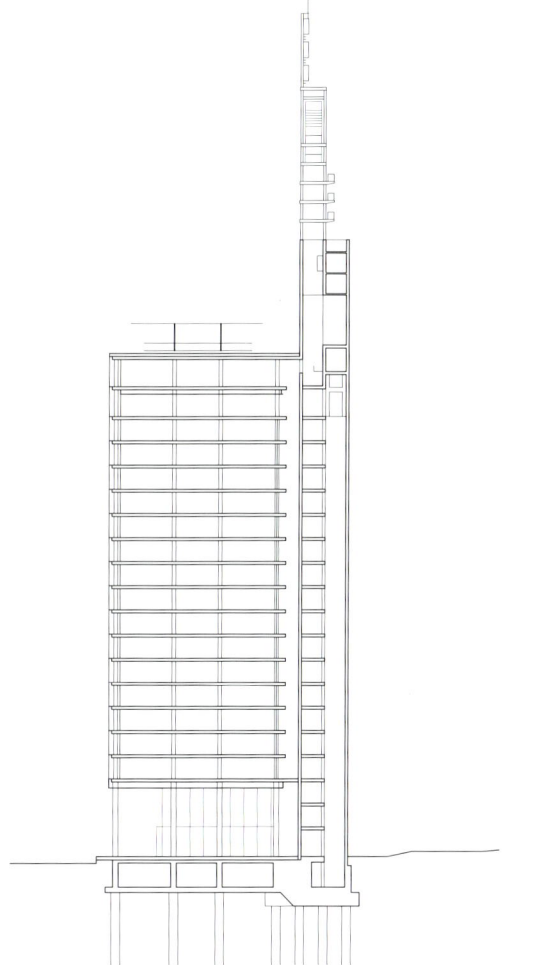

Doppelfassade

Fassadenzwischenraum

Schnitt, M 1:1000

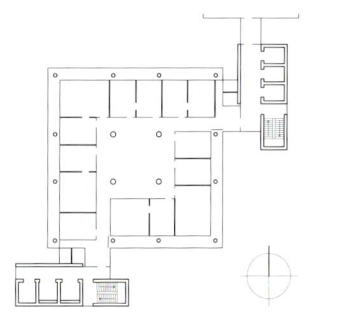

Grundriss, M 1:1000

Lüftungskonzept

Das Lüftungskonzept des Gebäudes basiert im wesentlichen auf der natürlichen Lüftung über Fenster. Dabei dient die Doppelfassade als Pufferzone zwischen außen und innen. Bei einer Einfachfassade wäre ein Öffnen der Fenster bei hohen Windgeschwindigkeiten durch die auftretenden Druckverhältnisse nicht bzw. nur sehr eingeschränkt möglich.

Die großflächigen, steuerbaren Lüftungsklappen in der Nähe der Gebäudeecken der äußeren Fassade ermöglichen es – unabhängig von Windrichtung und Windgeschwindigkeit –, an der inneren Fassade ausgeglichene Druckverhältnisse zu garantieren und die Durchströmung der Doppelfassade zu regulieren.

Während der kalten Jahreszeit werden die Klappen weitestgehend geschlossen gehalten und der Luftaustausch wird auf ein Mindestmaß beschränkt. Im Sommer werden sie großflächig geöffnet, um die im Fassadenzwischenraum anfallende Wärme durch einen hohen Luftaustausch abzuführen.

Die natürliche Fensterlüftung wird von einem mechanischen Be- und Entlüftungssystem mit Wärmerückgewinnung unterstützt. Die mechanische Lüftung ist auf einen 1,5-fachen Luftwechsel ausgelegt. Fenster und mechanisches Lüftungssystem sind miteinander gekoppelt. Ist in einem Raum das Fenster geöffnet, wird über eine mechanische Verbindung der Zuluftdurchlass geschlossen. Die Abluft bleibt weiter in Betrieb. Somit kann der Nutzer selbst entscheiden, ob er vorkonditionierte Luft aus dem Lüftungssystem erhalten oder sein Zimmer über den Fassadenzwischenraum lüften möchte.

Thermisches Konzept

Die hochwärmegedämmte Gebäudehülle hat einen geringen Transmissionswärmebedarf zur Folge. Durch das unterstützende mechanische Be- und Entlüftungssystem mit Wärmerückgewinnung wird darüber hinaus der Lüftungswärmebedarf deutlich reduziert. Die Bilanz der Wärmeverluste und -gewinne zeigt, dass die internen Wärmegewinne und die Solarstrahlung oft ausreichen, um das Gebäude zu beheizen. Bei Außentemperaturen über 0°C können sich bereits erhebliche Wärmeüberschüsse ergeben. Die Restheizwärme wird dazu benötigt, das Gebäude während der unbenutzten Zeit (Nacht, Wochenende) nicht auskühlen zu lassen.

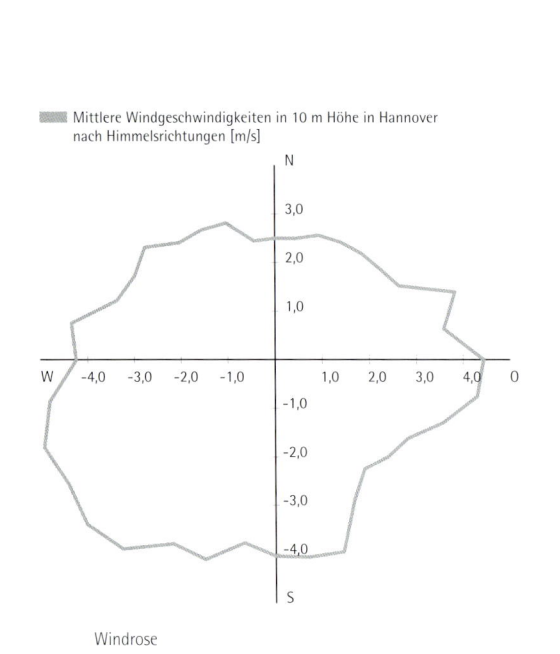

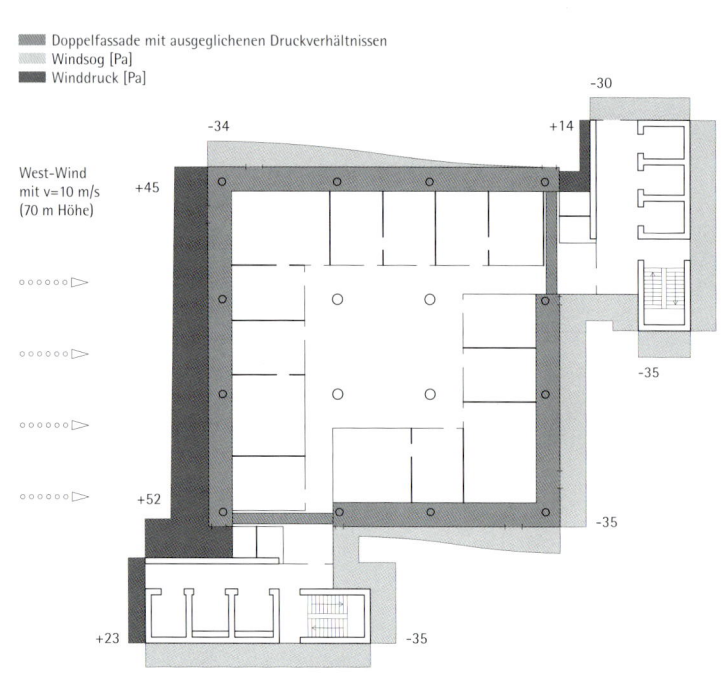

Mechanische Be- und Entlüftung

Windrose

Druckverteilung, M 1:500

Schwieriger ist die Situation im Sommer. Ein wesentliches Ziel der Planung war es, ohne Einsatz von Kältemaschinen angenehme raumklimatische Verhältnisse zu schaffen. Dies ist möglich, wenn die Sonneneinstrahlung durch einen guten Sonnenschutz minimiert und die im Raum anfallende Wärme tagsüber in massiven Bauteilen (Decke und Boden) gespeichert wird. In den kühlen Nachtstunden werden diese Speichermassen dann über wasserdurchströmte Rohrleitungen entladen.

Dazu werden auf der Deckenkonstruktion Rohre ähnlich einer Fußbodenheizung verlegt. Der Estrich ist als Verbundestrich ausgeführt, um gleichmäßige Wärme- und Kälteströme nach oben und unten zu erreichen So entstehen in einem Raum zwei gleichmäßig temperierte Zonen, nämlich Decke und Fußboden. Die physikalisch begründete Trägheit des Systems erfordert im Kühlfall eine Entladung des Speichersystems, bevor die Räume genutzt werden. Nachts werden die Decken des Gebäudes mit kaltem Wasser durchströmt, um die Wärme abzuführen. Ein Rückkühlwerk (Hybridkühler) wurde auf dem Dach des Gebäudes aufgestellt. Mit dem von Außenluft durchströmten Hybridkühler werden in warmen Sommernächten Kühlwassertemperaturen von 18°C erreicht. Das System wird auch zur Beheizung im Winter genutzt.

Wegen der großen wärmeabgebenden Flächen der Decke und des Fußbodens betragen die Temperaturunterschiede zwischen Raumluft und Decken- bzw. Fußbodenoberfläche selbst an extremen Sommer- bzw. Wintertagen nur wenige Grad. Das System regelt sich selbst: Steigt z.B. die Raumlufttemperatur geringfügig an, so sinkt die Wärmeabgabe des Systems sofort deutlich ab.

Thermoaktive Decke Rohbau

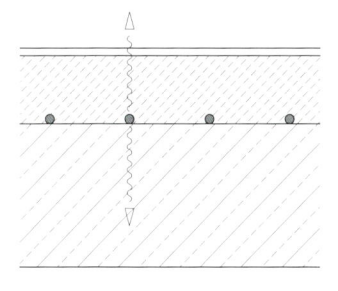

Vergleichbare Wärme- und Kälteabgabe nach oben und nach unten (ohne Konvektion)

Thermoaktive Decke, M 1:20

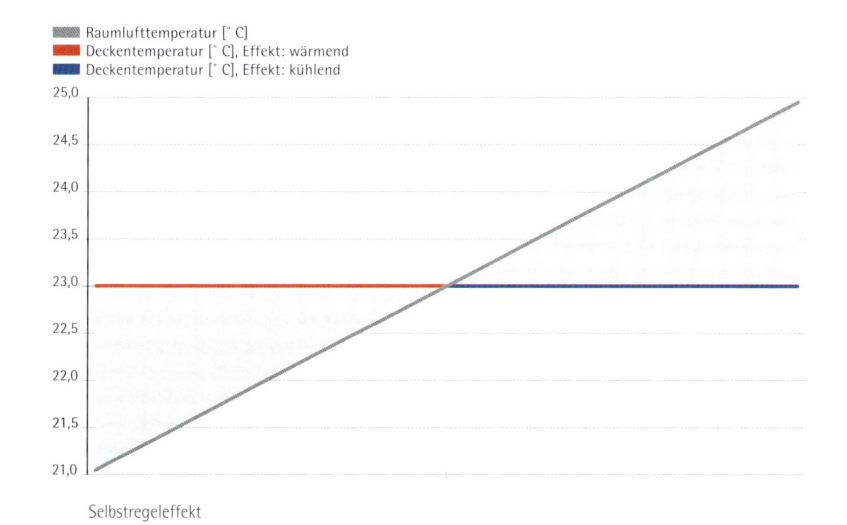

Raumlufttemperatur [°C]
Deckentemperatur [°C], Effekt: wärmend
Deckentemperatur [°C], Effekt: kühlend

Selbstregeleffekt

Die Wärme- und Kälteabgabe der Decke entsteht durch die Temperaturdifferenz zwischen Oberfläche und Raumluft. Bei einer Oberflächentemperatur von 23°C wird demnach bei Raumtemperaturen unter 23°C geheizt.
Steigt die Raumtemperatur aufgrund höherer Lasten an, nimmt die Wärmeabgabe der Decke ab. Bei einer Raumtemperatur über 23°C wird der Raum gekühlt.

Danksagungen

Ein Projekt dieser Größenordnung hätte nicht ohne die Mitarbeit vieler Menschen gelingen können. So haben an der Erstellung dieses Buches viele Fachleute mitgewirkt, denen ich für ihre Ideen, ihre tatkräftige Unterstützung und ihre Geduld danken möchte.

Mein Dank geht an Jenny Oelzen, die für das Konzept, die gesamte Redaktion und die Koordination verantwortlich zeichnet.

Mein Dank geht an Constantin Meyer, der das visuelle Erscheinungsbild des Buches geprägt hat. Die Gesamtgestaltung und seine Architekturfotografie bestechen durch Klarheit und Reduktion.

Mein Dank geht an Kai Hackelberg und Michael Lesinski für das einheitliche Bild aller Grafiken, die die Klarheit und Übersichtlichkeit des Layouts unterstützen.

Mein Dank geht an Michael de Saldanha und Christoph Meyer, die mich bei der Grundkonzeption und der inhaltlichen Bearbeitung der Texte sehr unterstützt haben.

Mein Dank geht an Karin Hauke, die in der Anfangsphase engagiert mitgearbeitet hat.

Mein Dank geht an die Projektleiter der einzelnen Bauobjekte für die Übernahme der Projektbeschreibungen.

Mein Dank geht an Barbara Kress. Erst durch ihre aufmerksame und gründliche Textredaktion ist es möglich geworden, das Fachwissen für alle Interessierten verständlich darzustellen.

Mein herzliches Dankeschön geht an die aktiven und ehemaligen Mitarbeiter des Ingenieurbüros Hausladen und an meinem Lehrstuhl in Kassel für die wertvollen Anregungen und ihre tatkräftige Unterstützung: Herbert Tremmel, Josef Bauer, Horst Pertler, Gerhard Mengedoht, Susanne Hölzl, Martin Kirschner, Ronald Koller, Udo Steinborn, Iris Pelizzoni, Rosalinde Nadery, Julio Cendales, Annett Meixner, Elisabeth Peter, Evelyn Dobitsch, Wolfgang Kropf, Hans-Jürgen Kruse, Richard Philipp, Katrin Wötzel, Peter Maier, Michael Wolf, Alexander Krause, Ludwig Langer, Franz Schiffner, Helmut Eckerl, Andreas Lackenbauer, Thilo Ebert, Karin Hauke, Martin Többen, Peter Springl, Heinrich Post, Kaja Kippenberg, Andreas Wimmer, Matthias Dönch, Jens Oppermann, Jan Kaiser, Gabriele Schimanski.

Die Zusammenarbeit hat viel Spaß gemacht.

Ich danke dem Oldenbourg Verlag und insbesondere Dr. Hohm, T. Hoffmann und R. Hartl und C. Ehmann-Firatoglu für das gute partnerschaftliche Verhältnis.

Ich danke allen Inserenten, deren finanzielles Engagement ebenfalls zum Erscheinen des Buches beigetragen hat.

Schließlich möchte ich mich bei Boris Boxan und dem gesamten Team der Druckerei Boxan, Kassel bedanken für die sehr gute Betreuung und den hohen Qualitätsstandard bei Repro und Druck.

Abbildungsnachweis

Photographien

Seite 7-11 / 22 / 25 / 28-30 / 34 / 39 / 40 o. r. / 42 / 44-50 / 54-56 / 57 o. r. / 58-61 / 63-69 / 71-73 / 76 / 78 /82-83 / 86 / 89u. / 90 u. m. l / 91- 92 / 94-95 / 97u. / 98-99 / 103 / 105 u. l. / 109 / 111-112 / 116 / 120-121 / 124 / 126-128 / 132-136 / 138 / 140-142 / 145-146 / 147-149
Constantin Meyer, Köln

32 / 33 / 41 r. m. / 41 u. m. / 62 / 87 / 89 / 90 o. l. / 93 / 97 o. / 99 o. r. / 101 o. r. / 102 / 105 / 154 u. l. / 155 o. r.
Ingenieurbüro Hausladen GmbH, Kirchheim bei München

14 -16 Institut für leichte Flächentragwerke, München
23 o. r. Staatliches Hochbauamt, Augsburg
35 GBU, Bensheim
57 u. r. Oliver Schuster, Stuttgart
89 o. r. Isofloc
93 Florian Lichtblau, München
110 Michael Saldanha, Kassel
115 Prof. G. Minke, Kassel
152 / 153 o. r. Dieter Leisner, artur, Köln
153 u. r. / 154 o. l. Moritz Korn, artur, Köln
155 u. r. Herzog + Partner, München

Zeichnungen, Schemata, Diagramme

Alle Zeichnungen sind auf der Grundlage des von den beteiligten Architekturbüros zur Verfügung gesetellten Unterlagen erstellt von Hackelberg & Lesinski, München worden.

Handzeichnung Seite 43 Gerhard Greiner, Kassel

Collagen auf Seite 108 u. 118 Mathias Bergdolt, Kassel

Legende

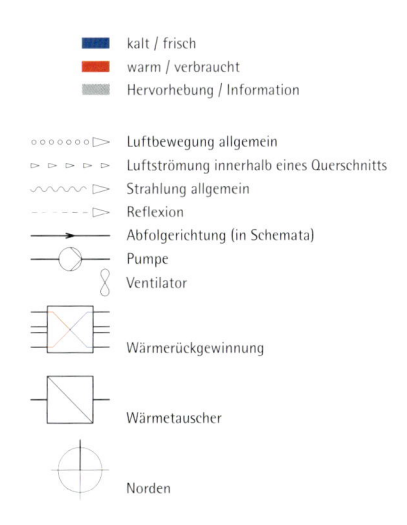

- kalt / frisch
- warm / verbraucht
- Hervorhebung / Information

∘∘∘∘∘∘∘▷ Luftbewegung allgemein
▷ ▷ ▷ ▷ ▷ Luftströmung innerhalb eines Querschnitts
∼∼∼▷ Strahlung allgemein
- - - - - ▷ Reflexion
⟶ Abfolgerichtung (in Schemata)
⊖ Pumpe
⧖ Ventilator

Wärmerückgewinnung

Wärmetauscher

Norden

GÜNTNER

Ressourcen schonen.

- Extrem geringer Wasserverbrauch
- Minimaler Energiebedarf
- Extrem leise
- Leistungsbereiche von 150 kW bis 10 MW
- Schwadenfrei
- Freecooling
- Geringer Platzbedarf
- Geringes Gewicht
- Kühlmedium bis 3°C über der Feuchtkugeltemperatur

mit Güntner Hybrid-Trockenkühlern

Jäggi/Güntner (Schweiz) AG · Industriestraße 28 · CH-4632 Trimbach
Tel. +41 62 289 2000 · Fax +41 62 289 2001 · e-mail info@guentner.ch · www.guentner.de

ABGASSYSTEME & ABGASTECHNISCHE PRODUKTE

Bereich Abgassysteme:
- Edelstahl-Systeme einwandig
- Edelstahl-Systeme doppelwandig
- Luft-Abgas-Systeme
- Systemabgasleitungen
- Leichtbau-Schornsteine
- Keramische Einsatzrohre
- Abschlußvarianten

Bereich Abgastechnik:
- Abgasklappen
- Verbrennungsluftklappen
- Nebenluftvorrichtungen
- Zugbegrenzer
- Abgasschalldämpfer
- Abgas-Verbindungsleitungen

Wir bieten komplette Systeme für die unterschiedlichsten Anforderungen.

Unternehmensgruppe Raab

KW **Raab**®

...für eine wirtschaftliche und umweltschonende Abgastechnik

Joseph Raab GmbH & Cie. KG
Gladbacher Feld 5 • 56566 Neuwied
Kutzner + Weber GmbH & Co. KG
Frauenstraße 32 • 82216 Maisach

Informationen für das Fach. Von Oldenbourg.

Alles für Ihre Anzeigenwerbung erfahren Sie unter Tel. 089/45051-232.

**Oldenbourg Industrieverlag GmbH,
Rosenheimer Straße 145,
81671 München,
Fax: 089/45051-207**

Ihr Handy kann fast alles.

Und welchen Komfort bietet Ihr Gebäude?

Sie sind umgeben von moderner, intelligenter Technik, die Ihnen das Leben in vielen Dingen angenehmer gestaltet. Johnson Controls Gebäudeautomationssysteme bieten Mietern und Betreibern individuelle Eingriffsmöglichkeiten zur Optimierung der Gebäudeleistung.

Maximale Gebäudeleistung

JOHNSON CONTROLS

„Mitdenkende" Systeme sorgen weiterhin für ein Höchstmaß an Sicherheit, Transparenz und Wirtschaftlichkeit im Gebäude. Johnson Controls schafft die Voraussetzungen für effektive Gebäudenutzung und reibungslosen Betrieb.

Johnson Controls JCI Regelungstechnik GmbH
Westendhof 8 · D-45143 Essen
Telefon 0201/2400-0 · Fax 0201/2400-351

schön kühl

Das HYPOPLAN®-Klimaplattensystem für Wand und Decke

KME Tube Systems

Zugfreie Klimatisierung am Arbeitsplatz ist die grundlegende Voraussetzung für hohe Arbeitszufriedenheit, geringe Krankenstände und größtmögliche Produktivität.

Deshalb sollten Sie sich von Anfang an für eine zukunftsweisende Klimatechnologie entscheiden, die modernsten arbeitsphysiologischen Erkenntnissen entspricht, in allen Anwendungsbereichen einsetzbar ist und die gestiegenen Ansprüche von morgen umfassend erfüllen wird.

Das neue **HYPOPLAN®-Klimaplattensystem** von **KME** – optimales Raumklima für Menschen.

KM Europa Metal Aktiengesellschaft

Kundenberatung
Klima-Systeme
Postfach 3320
D-49023 Osnabrück
Klosterstraße 29
D-49074 Osnabrück
Tel. (0541) 321-2043
Fax (0541) 321-2040
http://www.kme.com
info-hypoplan@kme.com

Taschenbuch für Heizung und Klimatechnik 2001
einschließlich Warmwasser und Kältetechnik

Von Recknagel, Sprenger und Schramek
Herausgegeben von Ernst-Rudolf Schramek

70. Auflage 2001, ca. 2000 Seiten, gebunden, DM 198,–,
ISBN 3-486-26450-8

Seit 100 Jahren bietet dieses Nachschlagewerk in der Gebäudeausrüstung Arbeitshilfen für Konzeption, Planung und Ausführung haustechnischer Anlagen nach dem neuesten Stand der Technik.

Beleuchtungstechnik
Neue Technologien der Innen- und Außenbeleuchtung

Von Erik Theiß. Reihe Gebäudetechnik, Band 1
2000. ca. 300 Seiten, broschiert, DM 75,–, ISBN 3-486-27013-3

Die Anforderungen an Betriebssicherheit und Wirtschaftlichkeit, welche die moderne Beleuchtungstechnik an den Anwender stellt, lassen sich nur mit Hilfe gründlicher Kenntnisse erfüllen. Praxisvorschläge sowie Tipps & Tricks mit den neuesten Technologien sind ein wesentlicher Fokus des Autors, der außerdem das Anliegen hat, neben den Grundlagen der Beleuchtungstechnik auch den technischen Hintergrund zu vermitteln. Dabei geht er auch auf die Außenbeleuchtung ein. Besondere Aufmerksamkeit widmet der Autor auch dem Thema Sanierung und Modernisierung, bei dem er anhand praktischer Beispiele Möglichkeiten der Energieeinsparung und Qualitätsverbesserung aufzeigt.

Das Buch wendet sich an Techniker und Handwerker in der Gebäudetechnik. Durch konkrete Hinweise auf Normen und Richtlinien in der Gebäudetechnik dient es dem Praktiker als Nachschlagewerk.

Projektierung von Warmwasserheizungen

Von Wolfgang Burkhardt

Herausgegeben vom Arbeitskreis der Dozenten für Heizungstechnik. Reihe Heizungstechnik, Band 4
6. Auflage 2000, ca. 580 Seiten, gebunden, DM 88,–,
ISBN 3-486-26425-7

Das Buch gibt eine Anleitung zur Erstellung von Projekten für Raumheizungsanlagen, angefangen bei der Sammlung der für die Bearbeitung nötigen Unterlagen, der Auswahl des jeweils geeigneten Heizungssystems und seiner Bauelemente über die vielfältigen Auslegungstechniken bis hin zur Erstellung von Plänen und des Leistungsverzeichnisses.

Innovative Gebäude-, Technik- und Energiekonzepte

Von Gerhard Hausladen

2000. ca. 200 Seiten, ca. DM 85,–, ISBN 3-486-26429-X

Das Buch stellt 11 Projekte und 5 Konzepte aus der Praxis der Gebäudetechnik insbesondere zur innovativen Energietechnik dar: Büro- und Geschäftshäuser, Wohnhäuser, Altbausanierung, Öffentliche Gebäude, Zentren, Siedlungen.

Die Warmwasserheizung

Herausgegeben vom Arbeitskreis der Dozenten für Heizungstechnik. Mit Beiträgen von Friedrich Hell u.a.
Reihe Heizungstechnik, Band 1
3. Auflage 2000, ca. 235 Seiten, ca. DM 80,–,
ISBN 3-486-26303-X

Aus dem Inhalt: Systeme der Wasserheizungen / Heizkörper / Dimensionierung von Zweirohr-Wasserheizungen / Dimensionierung von Einrohr-Wasserheizungen / Natürlicher Umlauf in Wasserheizungen / Optimierungsrechnungen.

Fax-Bestellschein an: 0201/82002-34

Bitte senden Sie diesen Bestellschein an Ihre Fachbuchhandlung oder an den Vulkan-Verlag, Postfach 103962, 45039 Essen

VULKAN-VERLAG GmbH
Versandbuchhandlung
Postfach 103962

45039 Essen

Ich/wir bestelle(n) ❏ fest / ❏ zur unverb. 3-wöchigen Ansicht:

_____ Expl. Recknagel u.a.: **Taschenbuch für Heizung und Klimatechnik 2001**, DM 198,–
_____ Expl. Burkhardt: **Projektierung von Warmwasserheizungen**, DM 88,–
_____ Expl. Hausladen: **Innovative Gebäude-, Technik- und Energiekonzepte**, ca.DM 85,–
_____ Expl. Theiß: **Beleuchtungstechnik**, DM 75,–
_____ Expl. Hell u. a.: **Die Warmwasserheizung**, ca. DM 80,–

Name/Firma _____
Straße/Postfach _____
Land/PLZ/Ort _____
Datum _____ Unterschrift _____

Drucktransmitter

- Flexibilität durch einstellbare Druckbereiche
- einfache Montage durch aufklappbare Steckverbindung
- wahlweise mit Anzeige
- auch als LON-Version

Frostschutzsteuerung mit Maximalauswahl

- Ausgangssignal 0 – 10 V und Begrenzerkontakt
- Maximalauswahl Regler / Frostschutz integriert.

Differenzdrucktransmitter für die Klimatechnik

- durch Steckbrücken wählbare Arbeitsbereiche
- einfache Montage durch aufklappbare Steckverbindung
- auch als LON-Version
- wahlweise mit Anzeige

Honeywell

Fema Regelgeräte · Honeywell AG · Postfach 12 54 · 71099 Schönaich
Telefon 0 70 31 / 637-02 · Telefax 0 70 31 / 637-850
eMail: fema.fema@germany.honeywell.com · http://www.honeywell.de/fema

FEMA

Gesundheits Ingenieur
Haustechnik · Bauphysik · Umwelttechnik

Die Zeitschrift für Haustechnik, Bauphysik und Umwelttechnik mit den Fachgebieten Heizungs- und Klimatechnik, Technischer Ausbau, Wasser und Abwasser.

Medium maßgeblicher Stellen der Praxis, Verwaltung und Wissenschaft in Verbindung mit dem Umweltbundesamt, Institut für Wasser-, Boden- und Lufthygiene, Berlin-Dahlem; Bayerischen Landesamt für Umweltschutz, München und der Gesundheitstechnischen Gesellschaft, Berlin.

Infos und Probehefte erhalten Sie bei:

Oldenbourg Industrieverlag GmbH
Postfach 80 13 60 · 81613 München
Tel.: 089/4 50 51-0

DELTAMESS
Wasserzähler-Wärmezähler

Trockenkapsel mit System

1 x 4 = 40

Damit Ihre Rechnung aufgeht.

DELTAMESS
Wasserzähler-
Wärmezähler

Fordern Sie mehr Informationen an!

DELTAMESS Wasserzähler - Wärmezähler GmbH
Sebenter Weg 42 · D-23758 Oldenburg/Holstein
Tel. 0 43 61/51 14-0 · Fax 0 43 61/51 14-99
e-mail: service@deltamess.de · www.deltamess.de

Klaus Daniels

GEBÄUDETECHNIK

Ein Leitfaden für Architekten und Ingenieure

3. Auflage 2000, 532 Seiten, DIN A4, gebunden, DM 198,–
ISBN 3-486-26414-1

Oldenbourg

GEBÄUDETECHNIK, der Leitfaden für den Praktiker

In Zeiten von wachsendem Konkurrenz- und Kostendruck wird für Architekten, Bauplaner oder Gesamtprojektleiter die optimale Gestaltung der Gebäudetechnik immer wichtiger, da diese zwischen 25 und 50 % der gesamten Kosten ausmachen.

GEBÄUDETECHNIK ist in der dritten Auflage vollständig überarbeitet und als Nachschlagewerk für Praktiker so konzipiert, daß Dimensionierungen und erste Grobplanungen möglich sind. Darüber hinaus enthält **GEBÄUDETECHNIK** zahlreiche Detaildarstellungen im baulich-gestalterischen Bereich, die die Arbeit von Architekten und Ingenieuren unterstützen.

Von einem hochrangigen Autorenteam

Herausgeber und Autor:
Prof. Dipl.-Ing. Klaus Daniels. Als Ordinarius für Haustechnik an der ETA Zürich und Vorstand der HL-Technik AG München, gehört Prof. Daniels zu den profiliertesten Fachkompetenzen neuzeitlicher Gebäudetechnik in Theorie und Praxis. Gemeinsam mit ihm stellen weitere anerkannte Fachleute ihr Wissen zur Verfügung.

Co-Autoren und Mitarbeiter:
Ing. Renate Sprenger (Aufzugs- und Förderanlagen),
Ing. Manfred Woiwode (Sanitär und Förderanlagen),
Ing. Herbert Mudrack (Heizungstechnik/Isoliertechnik),
Ing. Ulrich Werning (Beleuchtungstechnik),
Dip. Ing. Architekt Michael Schmidt (Beleuchtungstechnik),
Ing. Grad. Hans-Joachim Kast (Kältetechnik),
Dr. rer nat. Dipl. Phys. Andreas Colli (Gesamtredaktion)

Fax-Bestellschein an:
02 01/8 20 02-34

Bitte senden Sie diesen Bestellschein an Ihre Fachbuchhandlung oder an den Vulkan-Verlag, Postfach 10 39 62, 45039 Essen

VULKAN-VERLAG GmbH
Versandbuchhandlung
Postfach 10 39 62

45039 Essen

Ich/wir bestelle(n) ❏ fest / ❏ zur unverb. 3-wöchigen Ansicht:

_____ Expl. Daniels: **Gebäudetechnik**, ISBN 3-486-26414-1, DM 198,–

Name/Firma _____

Straße/Postfach _____

Land/PLZ/Ort _____

Datum _____ Unterschrift _____

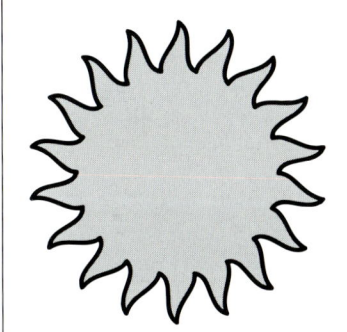

Wieland

Metall ist unsere Welt

cuprotherm®

Behaglichkeit und Wohlbefinden.

Das moderne cuprotherm®-Niedrigtemperatur-Heizsystem aus Kupfer schafft ein angenehmes Raumklima. Ob als Fußboden- oder Wandheizung – dank niedriger Vorlauftemperaturen ist cuprotherm® von Wieland wirtschaftlich und umweltschonend. Ideal in Kombination mit einer Solaranlage!

Informieren Sie sich unverbindlich über die neue Definition von Behaglichkeit.

Wieland-Werke AG
D-89070 Ulm
Fon: 07 31-9 44-0
Fax: 07 31-9 44-24 36
http://www.wieland.de

VALLOX
LÜFTUNGS-SYSTEME MIT WÄRMERÜCKGEWINNUNG

Für Wohnungen, Wohnhäuser, Büros, Verkaufs- und Schulungsräume

- ✓ für das Niedrigenergie- und Passivhaus
- ✓ DiBT-Zulassung nach WSchVo 95
- ✓ LON- oder EIB-BUS Schnittstelle
- ✓ Grobfilter EU3 und Feinfilter EU7
- ✓ Automatische Regelung durch CO_2- und RH-Feuchtefühler
- ✓ verzinktes, innen und außen pulverbeschichtetes Gehäuse

allaway
Zentralstaubsauganlagen

Für Wohnungen, Wohnhäuser, Büros, Gaststätten, Hotels und Pensionen

- ✓ keine Geräuschbelästigung
- ✓ dauerhaftes System
- ✓ reduzierte Reinigungszeiten
- ✓ patentiertes Rohrsystem
- ✓ keine muffige Saugluft
- ✓ Schonung des Inventars
- ✓ Dezimierung der laufenden Kosten im gewerblichen Einsatz

HEINEMANN *Technik zum Wohlfühlen*

HEINEMANN GmbH · Mühlaustraße 4 · D-86938 Schondorf · Tel. 0 81 92/93 22-0 · Fax 0 81 92/83 34 · www.heinemann-gmbh.de · tech@heinemann-gmbh.de

Inserentenverzeichnis

DELTAMESS Wasserzähler – Wärmezähler GmbH,
Oldenburg/Holstein   163

Fema Regelgeräte Honeywell AG,
Schönaich   163

HEINEMANN GmbH,
Schondorf   165

Jäggi/Güntner (Schweiz) AG,
CH-Trimbach   159

Johnson Controls JCI Regelungstechnik GmbH,
Essen   160

KM Europa Metal Aktiengesellschaft,
Osnabrück   161

Oldenbourg Industrieverlag GmbH,
München   160 / 162 / 163 / 164

Joseph Raab GmbH & Cie. KG,
Neuwied   160

Wieland-Werke AG,
Ulm   165